"十四五"职业教育国家规划教材

U0245134

浙江省普通高校
"十三五"新形态教材

云计算技术与应用

（第二版）

主 编 石东贤 林 锋
副主编 赵瑞芬 崔月霞 朱小平

- "互联网+"创新型一体化教材
- 微视频讲解重点、难点，通俗易懂
- 课件、拓展资料等配套资源丰富

大连理工大学出版社

微课版

图书在版编目(CIP)数据

云计算技术与应用 / 石东贤，林锋主编. -- 2 版
. -- 大连 :大连理工大学出版社，2024.2(2025.2 重印)
ISBN 978-7-5685-4587-7

Ⅰ. ①云… Ⅱ. ①石… ②林… Ⅲ. ①云计算－高等
职业教育－教材 Ⅳ. ①TP393.027

中国国家版本馆 CIP 数据核字(2023)第 195467 号

大连理工大学出版社出版
地址:大连市软件园路 80 号　邮政编码:116023
发行:0411-84708842　邮购:0411-84708943　传真:0411-84701466
E-mail:dutp@dutp.cn　URL:https://www.dutp.cn
大连天骄彩色印刷有限公司印刷　　大连理工大学出版社发行

幅面尺寸:185mm×260mm　　印张:13.75　　字数:318 千字
2019 年 6 月第 1 版　　　　　　　　　2024 年 2 月第 2 版
2025 年 2 月第 3 次印刷

责任编辑:马　双　　　　　　　　　责任校对:周雪姣
封面设计:张　莹

ISBN 978-7-5685-4587-7　　　　　　定　价:45.80 元

本书如有印装质量问题,请与我社发行部联系更换。

　　《云计算技术与应用》(第二版)是"十四五"职业教育国家规划教材、"十三五"职业教育国家规划教材、浙江省普通高校"十三五"新形态教材,也是新世纪高等职业教育教材编写委员会组编的网络专业系列规划教材。本教材经过多年教学积累和实践,先后获得了浙江省教育科研优秀成果三等奖、浙江省高职院校"互联网＋教学"优秀案例一等奖等成果。

　　随着云计算技术在行业和产业中的应用和快速发展,网络运营商、厂商和第三方运维公司对云计算技术人才的需求变得十分迫切。而云计算作为一种新的IT技术,高校特别是高等职业院校还缺少具备较强云计算应用能力的师资队伍和教学资源,云计算技术技能型人才培养遇到瓶颈。这种人才培养上的困境也迫使高校加快推动云计算课程体系建设和教育教学改革。

　　浙江经贸职业技术学院云计算技术应用专业通过与新华三集团的深度合作,共建云计算现代学徒制班和云计算产教融合联盟,共同设计开发了云计算部署与运维人才培养的课程体系和教学资源,云计算专业方向的教育教学改革工作取得了一些成绩。本教材正是在这种背景下组织学校专业教师和企业技术人员共同编写的,重在突出教材内容的职业性、开放性和综合性。本教材自2019年出版以来,教材编写人员根据授课对内容和资源进行了多次完善,在第二版中增加了一个情景,融入了课程思政的元素,对一些基本概念的表述和实验的操作过程做了修改和补充。

　　本教材紧密围绕习近平新时代中国特色社会主义思想,旨在引导学生深刻体会中国特色社会主义理论的实践意义,培养具有"理想信念、家国情怀、敢于探索、专业素养"的云计算技术与应用人才。本教材深度挖掘生动有效的思政元素,与专业知识展开有机融合:(1)将行业发展、前沿动态与科技报国的家国情怀相融合;(2)将共享存储的思想与科学思维、绿色协调发展理念和优秀传统文化相融合;(3)将虚拟网络配置与探索精神、网络安全、国家安全相融合;(4)将云计算平台部署的方法与科学思维、辩证思维、创新意识、责任意识相融合。通过"阿里云平台采用我国自主研发的飞天云计算操作系统"等前沿成就、行业真实案例场景、典型人物与事件等多元素材,结合案例教学、项目情景教学与问题引导等不同的教学方法,强化价值引领,丰富课程思政的内涵。

本教材遵循基于工作过程系统化的课程整体设计思路以及基于情景的混合式教学实践模式,以云计算、网络运维人员的主要职业活动为导向,以一家互联网公司构建并部署云计算应用项目为典型案例,将教学内容分为 6 个情景和 20 个任务。学习情景以一个中小企业的云计算项目需求为载体,按照学习情景三层递进、拓扑规模由小到大、教学内容由浅入深的方式循序渐进地开展知识讲解与任务实施。

作为特色,本教材以教学游戏和微视频为学习引擎开发建设了一套立体化的课程资源库(教学游戏可登录出版社职教数字化服务平台下载);在 6 款教学游戏的设计开发中,有效地将相关的知识点、技能点以及团队协作素养融入其中,着重激发学生学习兴趣,培养学生良好的创新能力和综合素质。同时,本教材对采用的项目案例进行了提炼,在保证真实性的前提下,突出教学性、有效性和趣味性,并通过对部分内容采用分层教学设计,满足不同层次学生的学习需求。

本教材由浙江经贸职业技术学院云计算技术应用专业教学团队和新华三集团浙江办事处云计算项目团队共同策划编写。浙江经贸职业技术学院石东贤、林锋担任主编,浙江经贸职业技术学院赵瑞芬、崔月霞,新华三集团浙江办事处朱小平担任副主编,王盼、孟昶含等教师共同参与编写。在编写本教材的过程中,我们得到了浙江工业大学陈铁明教授、浙江工商大学谢满德教授以及新华三集团杭州办事处云计算项目经理杜晓璐高级工程师等的帮助与指导,在此一并致谢!

本教材是我们专业团队近年来教学实践的经验总结。目前,职业教育课程改革面临的任务还十分繁重,我们希望以此为与院校同行、与企业界朋友交流的载体,期待大家的指点和帮助,共同推进云计算技术应用专业的教学改革与课程建设。

在编写本教材的过程中,编者参考、引用和改编了国内外出版物中的相关资料以及网络资源,在此表示深深的谢意。相关著作权人看到本教材后,请与出版社联系,出版社将按照相关法律的规定支付稿酬。

虽然我们精心组织,认真编写,但错误之处在所难免;同时,由于编者水平有限,教材中也存在诸多不足之处,恳请广大读者给予批评和指正,以便在今后的修订中不断改进。

编　者

2024 年 2 月

所有意见和建议请发往:dutpgz@163.com

欢迎访问职教数字化服务平台:https://www.dutp.cn/sve

联系电话:0411-84707492　84706104

目 录

本书微课视频表

导引

　　2003 年 7 月 1 日，随着暴雪公司《魔兽争霸 3：冰封王座》的正式发行，"江湖"再现"武林高手"，并掀起了一场"血雨腥风"！皮特是一家大型游戏公司的技术总监，由于在线用户的严重流失，整个公司坚持了不到半年就濒临破产，望着一大堆的游戏服务器、存储设备、网络设备……一声悲叹！这么多的资源卖掉太可惜，出租又赚不了多少钱，关键是放在那边还需要占用很大的场地，不知道怎么利用。皮特被迫离职后就跟着父亲去了煤气站帮爸爸扛煤气瓶上楼下楼，虽然很累，但是二话不说一直坚持，几日下来也体会到了父母工作的艰辛。那个时候管道煤气已经应用得很成熟了，新小区都预埋了煤气管道。但皮特家是一个老的小区，还是采用传统的煤气瓶方式，不同容量的煤气瓶如图 1 所示。

微课

云计算创业故事

图 1　不同容量的煤气瓶

　　根据具体的需求，你可以购买不同容量的煤气瓶，然后把它扛到楼上去。这种传统的方式除了需要体力外，还要额外预备 1 个煤气瓶以防炒菜的时候煤气用尽。传统煤气瓶最大的缺点是存在安全隐患，爆炸事件危及生命财产安全。皮特的日常工作是在煤气站与工人一起熟悉具体的流程并分析功能需求，包括燃气收费系统、设备管理、生产调度管理等。经过三个月的奋战，他终于帮助煤气站开发出一个小型的智能信息管理系统，可以按照用户的需求开通管道煤气，并根据用户的煤气使用量进行计费，大大提高了管道煤气的使用效率。通过这个兼职工作，皮特除了获得不菲的收入外，还在脑海里形成了一种感觉——在游戏公司的工作和这个管道煤气工作中有一种相似的东西，并且一直出现如图 2 所示的服务器的选择画面。

小型服务器　　中型服务器　　大型服务器

图2　服务器的选择

他想，游戏公司传统的运营方式就跟人们使用煤气瓶一样直接把服务器买回家，但是这种方式随着公司业务的不断发展出现了很多问题，比如设备老化、耗电量大、占用大量空间等。有没有一种类似煤气站的方式呢？煤气管中的资源是煤气，服务器中的资源主要是计算（CPU 和内存）、存储资源和网络资源。我们能不能像图3那样也建设一个资源中心，通过收费的方式提供给用户呢？

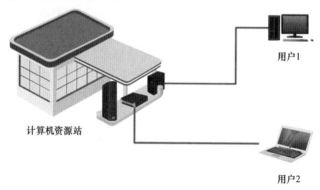

用户1

计算机资源站

用户2

图3　计算机资源站

计算机资源站提供的是满足用户需求的各类计算机资源，用户根据自己的需求构建自己的计算机环境。"对！太好了！"皮特如梦初醒，老板那边就是一个计算机资源站，那么多的资源正好可以利用。他马上将这个想法告诉了老板，老板非常认可，并且找来了原先的技术人员进行研发，最终诞生了皮特设想的这款产品，并命名为"皮特云"，以此来表彰皮特对该产品的创意与贡献。自从推出了"皮特云"之后，来自全世界各个角落的用户络绎不绝，老板的公司也从原先快倒闭的游戏公司成功转型为一家云计算公司，而且业务已经远远不能满足现实的需求，于是不停地构建更大的资源中心，慢慢从当地发展到很多地方，云也慢慢地走进了普通人的生活。

本故事属于虚构，主要想让大家对云计算和创新创业的理念有一个更好的认识。如今，我们的身边存在着各种各样的云，有些是用于存储的云盘，如百度云盘，有些是用于提供网站服务的云服务器，如阿里云、腾讯云等。云计算作为信息产业的全新业态，是引领未来信息产业创新发展的关键技术和手段。云计算产业是战略性新兴产业的重要组成部分，对经济转型升级和社会和谐发展起到重要的促进和带动作用。近年来，国务院、工信部等部门发布一系列云计算相关法规标准指导云计算系统的设计、开发和部署，同时规范和引导云计算基础设施建设、提升云计算服务能力水平以及规范市场秩序等。

云计算作为强化国家战略科技力量前沿行业，是国家重点发展的战略性新兴产业之一,也是数字经济必不可少的一环。在国家规划政策的指导和支持下,云计算遍地开花,很多城市将其作为数字经济的支柱,比如杭州,以打造"全国数字经济第一城"为目标,取得了不少优秀成果,如"健康码","健康码"最初是由杭州市公安局一名科技警察钟毅和他的团队开发的,接到任务后,面对一个没有任何样本参考的新事物,团队争分夺秒,仅用3天时间就实现了从无到有,再到上线的奇迹,最后推广到全国。其实健康码从提出到开发再到最后上云,不仅仅是一个团队能完成的,它凝结了太多人的心血。云计算本身就是一个庞大复杂的工程,我们需要一步一步地积累,不断地创新,破解技术难关,不断创造新的科技成果。谈到具体的云,肯定要思考怎么构建这个拥有计算、存储和网络的资源池,虚拟化是一种重要的实现技术,因此在教学设计上我们也是从体验云到学习虚拟化再到最后的云平台建设,由浅入深,并在一些理论和实践上采用了多种互动式教学方法,让学习是一件幸福的事情。

情景 1
认识云计算

学习目标

【知识目标】

- 了解云计算的发展历程
- 理解云计算出现的相关理论
- 理解云计算的五种特点
- 理解云计算三种关键技术
- 理解云服务器中的实例

【技能目标】

- 能够通过阿里云申请云服务器
- 能够区分云服务器中常见资源
- 会使用阿里云管理控制台的常见功能
- 能够使用远程管理工具管理云服务器

【素养目标】

- 通过科技强国的案例引导学生敢于自主创新
- 树立正确的国家安全观

　　华文同学很喜欢逛淘宝,她每天至少打开淘宝 App 三次。有一次她打开淘宝 App 的时候发现在最下面有一行很小的文字提示"阿里云提供计算服务",这引起了华文同学的好奇心,她打开搜索引擎找到了"阿里云"这家公司,原来这是一家阿里巴巴旗下的"云计算"公司,她很想了解一下云计算。刚好她的一个同学夏明在云计算专业,于是华文迫不及待地去找了夏明同学。因为华文是计算机小白,她希望夏明不要跟她讲晦涩难懂的专业术语,她担心听不懂。

夏明向华文介绍云计算的起源、核心特点和关键技术，为了让华文能更深入地理解云计算概念，夏明决定邀请华文一同体验阿里云，通过实际操作来强化认识。在这个过程中，他会以生动的方式向华文展示云计算是如何通过弹性、灵活和可靠的计算服务来支持应用场景的。夏明会为华文提供一个免费的云服务器实例，并引导她完成一些基本的操作，比如远程连接 Windows Server 2012。通过亲身体验，华文将感受到云计算的便利性和高效性，也更容易理解这一技术是如何为淘宝等在线服务提供支持的。同时，在一款名为"我是机房巡视员"的教育软件中，华文能以一名机房巡视员的角色，熟悉服务器等基础设施和机房的基本环境。这样的安排不仅能巩固理论知识，更能通过实践让华文感受到云计算的魅力，从而更好地理解和记忆这一复杂的概念。

任务 1.1　初识云计算

任务描述

　　华文因为打开淘宝 App 看到界面底端的"阿里云提供计算服务"对云计算产生了好奇和浓厚的兴趣，她内心很想去了解云计算，刚好她的一个同学夏明就读于云计算专业，华文希望夏明能通过通俗易懂的语言帮她科普云计算，包括云计算的起源、云计算理论的发展历程等知识。

任务分析

　　华文同学是一名计算机小白，她想要了解云计算，夏明同学需要尽量用通俗易懂的方式帮她科普云计算。夏明结合自己专业所学跟她分享了亚马逊云计算的成长历程，让华文对云计算有直观感性的认识。在了解了云计算的起源、发展以及复苏等阶段后，华文会对云计算的概念有更加饱满的理解。接下来这个任务就交给夏明同学啦。

相关知识

1. 追溯云计算的起源

　　话说华文找夏明帮她科普云计算知识，夏明开心地答应了，并约定星期六去学校图书馆。

　　时间真快，已经到了周末了，这天上午阳光灿烂。华文和夏明都没睡懒觉，8 点就到了图书馆二楼自习室。

"怎么没带我去你们专业实训室啊?"华文见到夏明后诧异地笑问道。

"那里太'高大上',先不去了,怕你看了也不懂!"夏明沙哑地说。

"你感冒了? 怎么声音这样子?"华文关心地问道。

夏明不敢说真话,其实是昨晚一直在思考怎么给华文讲明白云计算,睡得太晚的原因。他清清嗓子说:"没事没事! 看! 我带来了什么?"

"什么东西? 这么神秘。"华文好奇地问。

"这是今天的主角啦!"夏明兴奋地打开模型顶部的翻盖,拿出来好多工具并一个个摆在桌子上后,指着它们说:"知道这些是什么吗?"

华文大声说"我知道,这是房间,好精致的模型!"

因为声音太响,引来了周围很多同学的注视。

发现在自习室会打扰到其他同学,夏明看着华文轻声说"我们还是去外面吧?"他们轻轻收拾好东西,快速朝外面走去。来到了大厅的一个休息桌,夏明还是一样的动作把工具摆放到了桌子上,并拿起了那个方方正正的模型,继续说道:"就知道你会说房间,确实也没错,不过更专业点说是机房。"(图 1-1)

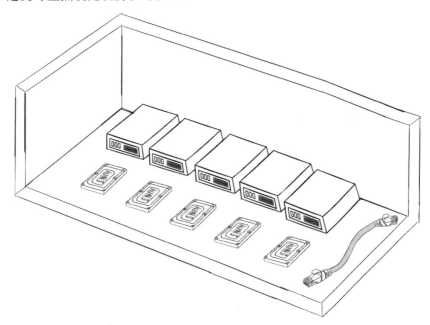

图 1-1　机房模型(包含机房、服务器、硬盘和网线)

华文顺手去拿了这个机房模型,"我好喜欢!"

"是的,我也很喜欢! 好了,让我们走进云计算吧!"夏明开始认真起来,并问道:"你知道亚马逊吗?"

"当然知道啦! 卖东西的网站,我以前还买过一些书呢!"华文先是洋洋得意,而后一愣,"怎么了,难道亚马逊跟云计算相关?"

"亚马逊以前确实是一个网上书店,现在已经是一个很厉害的云计算公司了! 当然,现在咱们国内云计算一样很厉害,像阿里云、腾讯云、华为云等等",夏明耐心并自豪地讲,好像这事只有他知道。

"哇!"华文惊讶地说道。

"看!"夏明把那个机房模型放回到桌子上并指着它,"1995年,亚马逊公司成立,开始网上卖书,但是你知道这个网站放在哪里吗?"(图1-2)

华文摇摇头,思考了一会儿后,不自信地回答道"是不是电脑里?"

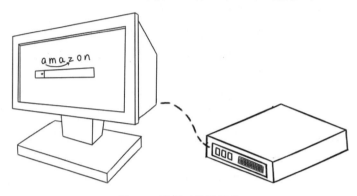

图1-2 早期亚马逊网站

"聪明!"夏明竖起了大拇指。

华文本是随口一说,还以为会被夏明嘲笑,没想到竟然被肯定了,就听着更认真了。

夏明指着那个模型说:"网站确实部署在电脑上,只不过我们叫这台电脑为服务器,并且服务器往往放在机房里面,你看这就是机房!"

"你就把它当作当年亚马逊网站的机房好啦!哈哈",夏明笑着继续说,"现在我把这台服务器放到机房里去",他拿起黑色的服务器(道具)指给华文看并慢慢地放到了机房的机架上面。(图1-3)

"因为这个购物网站有很多数据,比如图片、订单等等,所以还会有一些硬盘存储这些数据,你看机房里还需要放硬盘,就放一块硬盘吧",夏明小心翼翼地把一块硬盘放到机房服务器旁边。(图1-4)

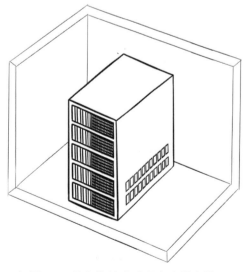

图1-3 机房模型(包含机架和服务器)

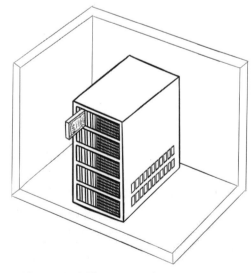

图1-4 机房模型(包含机架、服务器、硬盘)

"当然因为网站要给用户使用,必须联网,所以服务器还需要连接到互联网,这里我用这根线代表网线,嘿嘿。"于是夏明指着一根黄线(道具),并把它从服务器一个接口上连到了机房墙上的网口。(图1-5)

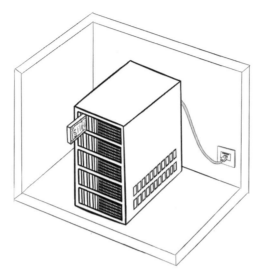

图 1-5　机房模型(包含机架、服务器、硬盘、网线)

夏明挠挠后脑勺说道:"讲得有点多,不知道有没有听明白我的意思?"

"挺好理解的,你可别小看我,哼!"华文摆出一副了然于心的样子。

"好吧! 我们就继续啦",夏明说道,"我们都知道,很多节日里,大家都会在网上购物。特别是大型节日里,对于亚马逊来讲意味着什么呢?"夏明侃侃而谈,开始像一个老师那样提问。(图1-6)

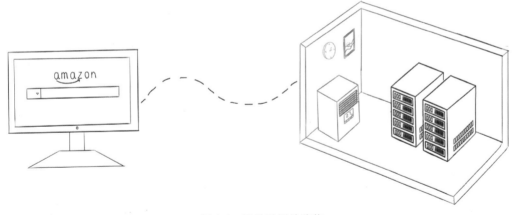

图 1-6　亚马逊网站购物

"肯定会有很多人去他们网站买东西! 好比现在的双十一活动。"华文立即回答道。

夏明继续原先的语调,"对! 亚马逊在大型节日搞促销活动,很多用户会访问网站。可是,亚马逊第一次搞活动没有经验。由于访问量太大,整个网站崩溃了!"(图 1-7)

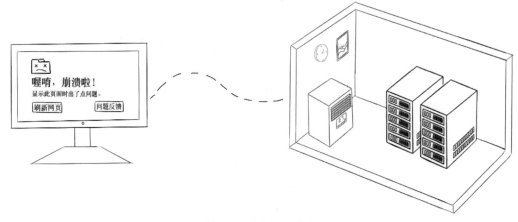

图 1-7　购物网页崩溃

"怎么办呢?"夏明仿佛变成了亚马逊原 CEO 贝索斯。

"增加服务器?"华文尝试回答道。

"非常好! 为了应对这种节日的大促活动,亚马逊被迫购买了很多服务器和存储设备,加大了带宽,还有其他一些资源! 效果确实很明显,用户访问变得很流畅啦!"夏明一边鼓励华文,一边兴奋地说。然而,没多久,他话锋一转"这也带来了新的问题。"(图 1-8)

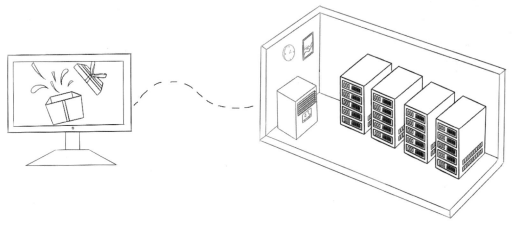

图 1-8　网站恢复正常访问

"新问题是什么?"华文疑惑地问道。

"亚马逊买了很多设备应对节日中的庞大访问量,但是这些 IT 资源在平日里就浪费了。亚马逊急需找到一种高效使用这些 IT 资源的方法。"夏明讲到兴奋处,双手晃动着说。"亚马逊创始人贝索斯就提出能不能将内部富余 IT 资源迁移到互联网上,开放给更多客户购买使用。"(图 1-9)

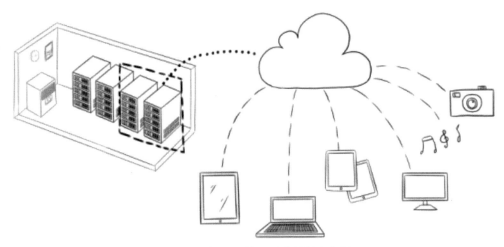

图 1-9　多余的 IT 资源开放给用户购买

夏明越讲越激动："如果每个客户开发 IT 系统都自己搭建底层的 IT 资源,购买服务器、硬盘、带宽等等,也就是前面说的建造一个机房,这种重复性工作是非常浪费时间和资源的。如果客户可以在亚马逊上购买 IT 资源,根据自己的需求选择 IT 资源大小与使用时长,那就可以节省很多 IT 资源建设与维护的成本了!"(图 1-10)

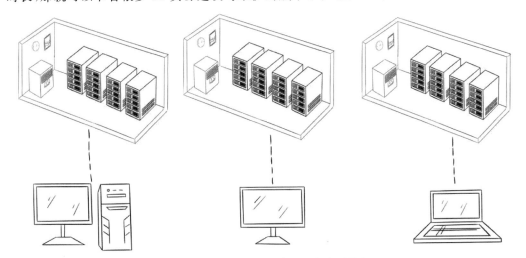

图 1-10　每个客户自己建造机房购买设备

华文听得有些着急,打断道:"亚马逊将富余资源开放给客户,确实解决了自身资源的利用率低与客户 IT 资源建设成本高的问题。但是这个服务与云计算有什么关系吗"

夏明看着华文着急的样子,反而不紧不慢地卖着关子说"听我细细讲来! 以前工程师们在绘制网络图时,经常在服务器图标的外面加一个圆圈。当网络图上有很多服务器时,就会形成多个圆圈重叠,看起来就像云朵一样。所以,通过互联网向用户提供 IT 资源,就被形象地称为了云计算服务。"

"原来如此!"华文拍着自己,她思考了片刻,又满脸羡慕地说道:"你前面说是贝索斯提出'将内部富余 IT 资源迁移到互联网上开放给其他用户',你说在当时那个年代是怎么想到的呢? 好厉害!"

夏明心里一阵开心,想着他昨天刚好看到过这个故事,连忙说道:"贝索斯的这种想法来源于一本名为《创造》的书,这本书有个理念:最有价值和不可或缺的公司,是那些能够提供类似水电一样的基础设施服务的公司。所以,贝索斯希望把亚马逊建设成互联网上的基础设施公司,拥有各种计算机资源池,类似于水电厂。亚马逊提供的云计算的底层,在开发者手中可以随意组合成新的服务产品。"

"我明白,这好比是汽车公司,不是所有东西都自己造,要不然几年都造不出来汽车。现在都是从各个地方买来零件组装成一辆汽车。云计算相当于是一个巨大的资源池,提供了所有这些汽车的零件。你可以购买云计算服务,再根据自己的需求配置属于自己的服务器。"恍然大悟的华文兴奋地用左手拍了下身边的夏明。

"终于完成了使命!哈哈!"虽然夏明表面很轻松,内心还是有点紧张,毕竟这是他第一次给同学上课。

"谢谢夏明!"

夏明看到华文脸上获得知识的那种幸福感,自己也非常开心。

"还有再说一点,任何事情都要用发展的眼光去看,这十几年国内公司埋头啃硬骨头,自主创新,云计算产业得到了飞跃式发展。2021年国际权威机构Gartner发布的报告中,全面评估全球顶级云厂商整体能力。其中,阿里云IaaS(基础设施即服务)基础设施能力拿下全球第一,在计算、存储、网络、安全四项核心评比中均斩获最高分,这也是中国云首次超越亚马逊、微软、谷歌等国际厂商",夏明激动又自豪地补充道。

"我听说很多高科技工作者放弃国外优厚待遇,毅然回国,为国家的建设发展而奋斗!"华文也激动起来。

"是的,要向这些科技工作者学习。好了,今天就到此为止,我想去借几本书再学习学习。"夏明恢复到往日里的文静说道。

后续华文自己也从网上了解了更多有关主流云计算公司的一些历程,具体内容见表1-1。

表 1-1　　　　　　　　　　　　　云计算发展历程

序号	时间	事件
1	2002 年	亚马逊启用了 Amazon Web Services(AWS)平台,当时该免费服务可以让企业将 Amazon.com 的功能整合到自家网站上
2	2006 年	AWS 正式推出其首款云计算产品——简单存储服务(Simple Storage Service,简称 S3),使企业能够使用亚马逊的基础设施构建自己的应用程序,这个产品至今无人撼动
3	2006 年	AWS 推出弹性计算云(Elastic Compute Cloud,简称 EC2),也就是亚马逊的服务器租赁和托管服务。多年来,EC2 已经被广泛使用,例如不同的实例类型提供不同的 CPU、内存、存储和网络容量配置
4	2008 年	Google 高级工程师克里斯托夫·比希利亚向 CEO 施密特提出"云计算"的想法。在施密特的支持下,Google 推出了"Google 101 计划",并正式提出"云"的概念

序号	时间	事件
5	2008 年	网购的蓬勃发展让淘宝用户激增,但这也导致阿里巴巴深陷数据处理瓶颈。每天早上八点到九点半之间,服务器的使用率就会飙升到 98%,依靠传统架构的阿里巴巴,"脑力"已经不够用了。此时王坚被寄予厚望,他开始主导阿里云的建设
6	2009 年	微软推出对 AWS 威胁最大的云计算服务 Azure Cloud,尝试将技术和服务托管化、线上化
7	2009 年	AWS 启动虚拟私有云,因为很少有传统企业对将更实质性的工作负载转移到公共云中抱有信心,虚拟私有云为 AWS 数据中心提供私有的、独立的分区,从更保守的公司那里获得业务
8	2012 年起	云计算已经群雄并起,国内腾讯云、天翼云、华为云、京东云、金山云等茁壮成长
9	2020 年	权威机构 Gartner 发布云厂商产品评估报告,阿里云在计算大类中,以 92.3% 的高得分率拿下全球第一,并且刷新了该项目的历史最佳成绩。此外,在存储和 IaaS 基础能力大类中,阿里云也位列全球第二
10	2021 年	权威机构 Gartner 报告阿里云 IaaS 基础设施能力拿下全球第一,在计算、存储、网络、安全四项核心评比中均斩获最高分,这是中国云首次超越亚马逊、微软、谷歌等国际厂商

2.云计算理论的萌芽

事实上,云计算产品的出现是各种理论和技术发展的推动。

1946 年 2 月 14 日,世界上第一台通用计算机"ENIAC"(埃尼阿克)在美国宾夕法尼亚大学诞生,宣告了计算时代的开始,从此人类打开了计算机世界的大门。

这种计算机体积庞大,造价昂贵,而且计算能力非常有限,最大的问题是缺乏多用户使用能力,同一时间只能一个人使用,如果想多人使用就只能排队。虽然这么多缺点,但是它的诞生开创了一个新的时代。(图 1-11)

图 1-11　人们排队使用世界上第一台通用计算机"ENIAC"(埃尼阿克)

因为存在问题，大家都在想办法解决，1955 年，美国麻省理工学院的约翰·麦卡锡教授提出了 Time-Sharing（分时）的技术理念，希望借此可以满足多人同时使用一台计算机的诉求。可能你不知道约翰·麦卡锡，他是世界公认的人工智能之父。

无独有偶，1959 年，英国计算机科学家克里斯托弗·斯特雷奇在国际信息处理大会上，发表了一篇名为《大型高速计算机中的分时系统（Time-Sharing in Large Fast Computer）》的学术论文，也是关于大型机共享使用的。在这篇论文中还首次提到了虚拟化技术，现在虚拟化技术是云计算的基石。

到了 1961 年，约翰·麦卡锡在麻省理工学院一百周年纪念庆典上，首次提出了 Utility Computing（公共计算服务）的概念。他说："如果我设想的那种计算机（分时计算机，同时支持多人同时使用的计算机）能够成真，那么计算或许某天会像电话一样被组织成公共服务。Utility Computing（公共计算服务）将是一种全新的重要工业的基础。"

麦卡锡这种理念，其实借鉴了传统的电厂模式。也就是说把计算机当成一种类似电的能源资源，家庭用户只要接入电网，就可以使用电了，并根据使用量付费。（图 1-12）

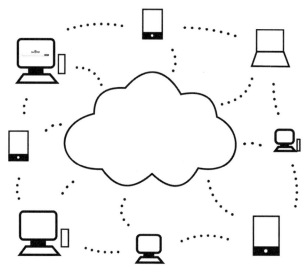

图 1-12　显示器接入网络使用云计算服务

受麦卡锡观点的影响，麻省理工学院和 DARPA（美国国防部高级研究计划局）下属的信息处理技术办公室共同启动了著名的 MAC（Multiple Access Computing）项目，目的就是开发"多人可同时使用的电脑系统"。实际上，这就是"云"和"虚拟化"技术的雏形。

1965 年，MAC 项目组开始开发 Multics 分时多任务操作系统。在这个过程中，通用电气被选为硬件供应商，IBM 出局，贝尔实验室后来也加入 MAC 的软件开发中。

IBM 出局后开始研发 CP-40/CMS 分时操作系统，1967 年发布历史上第一个虚拟机系统。

由于 MAC 项目进展缓慢，1969 年，贝尔实验室也退出 MAC 项目，UNIX 操作系统于 1970 年问世。

1969 年,在约瑟夫·利克莱德的推动下,DARPA(美国国防部高级研究计划局)研究的计算机网络 ARPANET 诞生。ARPANET 后来发展为 Internet。

自此,云计算所依赖的三大底层技术全部出现了:

(1)用于管理物理计算资源的操作系统。

(2)用于把资源分给多人同时使用的虚拟化技术。

(3)用于远程接入的互联网。

操作系统、虚拟化技术和网络为云计算的出现提供了最坚实的基础。

3. 云计算理论的复苏

三大底层技术的出现为云计算的诞生提供了孵化的基础,1975 年世界上第一台个人计算机 Altair 诞生了,但是这之后的十几年里人们沉浸于 PC 市场的繁荣,主要精力都放在了软件和网络上,进而忽视了对 Utility Computing 的关注。

1984 年,SUN 公司联合创始人约翰·盖奇提出"网络就是计算机(The Network is the Computer)"的重要猜想,用于描述分布式计算技术带来的新世界。其实云计算就是分布式计算的一种。

然而,人们仍然没有对云计算给予足够的关注。直到 20 世纪 90 年代,云计算相关的理念重新回到了人们的视野。不过这次它换了一个更简单的名字,叫作网格计算(Grid Computing)。可能你对网格比较熟悉,比如社区里的网格化管理(图 1-13),但是这里的网格(Grid)和我们认识的网格有很大的不同,它是直接照搬电网的概念(Electric Power Grid),意思是先把大量机器整合成一个逻辑上的超级机器,然后再分布给世界上各个地方的人们使用,这也是前面提到的公共计算服务。(图 1-14)

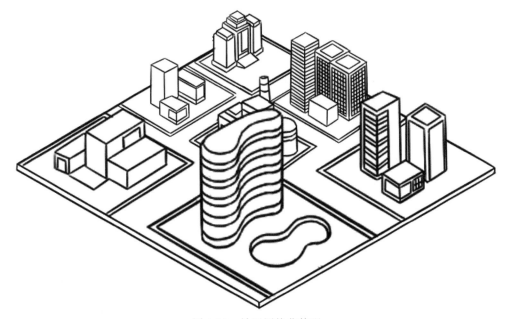

图 1-13   社区网格化管理

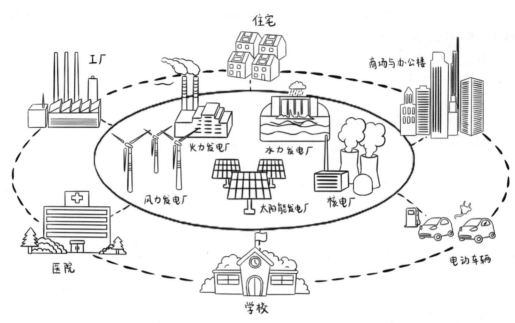

图 1-14 电网概念

1996 年,康柏(Compaq)公司的一群技术主管在讨论计算业务的发展时,首次使用了 Cloud Computing 这个词,他们认为商业计算会向 Cloud Computing 的方向转移,并开始了一项 Cloud Computing 的商业计划,这是真正云计算概念首次出现的场景。

1997 年,美国教授 Ramnath K. Chellappa 对"Cloud Computing"这个词做出了首个学术定义:"计算边界由经济而并非完全由技术决定的计算模式"。此后的云计算发展掀起了一股小高潮,见表 1-2。

表 1-2　　　　　　　　　　　　云计算理论复苏历程

序号	时间	事件
1	1997 年	InsynQ 基于 HP 的设备,上线了按需使用的应用和桌面服务
2	1998 年	VMware 公司成立,并首次引入 x86 的虚拟技术
3	1998 年	HP 成立公共计算部门
4	1999 年	Marc Andreessen 创建 LoudCloud,是世界上第一个商业化的 IaaS 平台
5	1999 年	SalesForce 公司成立,这是一家公认的云计算先驱公司。公司成立之初,他们就喊出了"No Software"的口号,宣布开启"软件终结"革命。他们通过自己的互联网站点向企业提供客户关系管理(CRM)软件系统,使得企业不必像以前那样通过部署自己的软件系统来进行客户管理。这就是最早的软件即服务(SaaS)模型
6	2000 年	Sun 公司发布 Sun Cloud
7	2001 年	HP 公司发布公共数据中心产品
8	2002 年至今	云计算如雨后春笋般生长,具体见表 1-1。

任务实施

　　学习完以上知识后,我们也了解了云计算有一个庞大的资源池,为了更好地理解资源池,我们开发了一款名为"痴迷脑"的教育软件来更好地理解相关知识,一起行动吧!

　　1.教育软件名称:痴迷脑

　　2.教育软件介绍:天上飘浮着一朵神奇的云,云里面装有好多资源,有组装电脑用的中央处理器(CPU)、内存条、硬盘,有手工编织的中国结工艺品,还有《岳阳楼记》《周易》等文化瑰宝,云中会不时地掉落一些资源。云底下有个痴迷脑,它其实是一台空壳电脑,看到天上掉下的东西就会把它吃到肚子里,吃得越多,它的性能就越好,有些东西能够帮助它补充较大的能量。当然天空中还会经常出现闪电,如果痴迷脑碰到闪电就会损失能量。

　　3.教育软件相关角色

　　(1)云:装有好多东西,会不时地掉落一些。

　　(2)痴迷脑:它是一台电脑,会左右走路,通过移动吃云中掉落下来的东西让自己变得强大。

　　(3)闪电:会不时出现,遇到它会能量受损。

　　4.资源介绍

　　痴迷脑教育软件资源介绍详见表1-3。

表1-3　　　　　　　　　　　　痴迷脑教育软件资源介绍

资源	介绍
《易经》	《易经》是阐述天地世间万象变化的古老经典,是博大精深的辩证法哲学书。包括《连山》《归藏》《周易》三部易书,其中《连山》《归藏》已经失传,现存于世的只有《周易》。《易经》蕴涵着朴素深刻的自然法则和辩证思想,是中华民族五千年智慧的结晶。其从整体的角度去认识和把握世界,把人与自然看作一个互相感应的有机整体,即"天人合一"
中央处理器	中央处理器英文名为 Central Processing Unit,简称 CPU,是计算机的运算核心和控制核心。人靠大脑思考,计算机靠 CPU 来运算、控制,从而让计算机各个部件能顺利工作,起到协调和控制作用。类似车间,通过各种控制操作来生产想要的产品
《岳阳楼记》	《岳阳楼记》是北宋文学家范仲淹应好友巴陵郡太守滕子京之请为重修岳阳楼而创作的一篇散文。这篇文章通过写岳阳楼的景色,以及阴雨和晴朗时带给人的不同感受,揭示了"不以物喜,不以己悲"的古仁人之心,也表达了自己"先天下之忧而忧,后天下之乐而乐"的爱国爱民情怀

（续表）

资源	介绍
内存	内存（Memory）是计算机的重要部件，也称内存储器和主存储器，它用于暂时存放 CPU 中的运算数据，以及与硬盘等外部存储器交换的数据。它是外存与 CPU 进行沟通的桥梁，计算机中所有程序的运行都在内存中进行，内存性能的强弱影响计算机整体发挥的水平。内存类似一个临时小仓库，存放着原料，车间工作时直接从这里取原料，同时中间生产出的半成品也会放在小仓库，这种小仓库能加快车间工作效率
中国结	中国结是一种手工编织工艺品，它所显示的情致与智慧正是中华古老文明的体现。它原本是旧石器时代的缝衣打结，后发展至汉朝的仪礼记事，再演变成今日的装饰手艺
硬盘	硬盘是计算机最主要的存储设备，用来永久性存储数据和程序。当我们运行程序时，CPU 接收命令，并要求将硬盘中的程序传输给内存，内存将该程序装满后，CPU 就可以执行操作了。硬盘类似一个大仓库，里面存放各种原料和最终生产出来的产品，因为仓库很大，取出原料和产品时间很耗时间，这也是需要小仓库（内存）的原因

5. 软件详细介绍

该教育软件为单机版，软件主界面如图 1-15 所示。

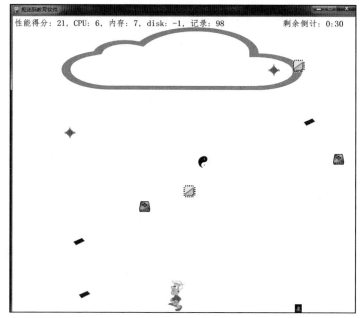

图 1-15　软件主界面

通过光标左右方向键或者键盘 A 和 D 键左右移动痴迷脑。天上会掉落各种东西,有些是计算机重要部件,有些是文化瑰宝,有些是传统工艺品。除了计算机重要部件保持不变,碰到其他资源会得到额外的奖励或者惩罚。

表 1-4　　　　　　　　　　　　资源奖惩明细

资源	奖励兑换		
	CPU(块)	内存(条)	硬盘(块)
《易经》	1	1	1
《岳阳楼记》	1	1	
中国结		1	1
闪电	-2	-2	-2

软件设置有一定的时间,以秒作为单位,在右上角会显示倒计时,如图 1-16所示。

剩余倒计: 0:05

图 1-16　倒计时

同时会实时展示痴迷脑在操作中的表现,除了 CPU、内存和硬盘的表现,还会计算痴迷脑总的性能表现。表 1-5 为 3 类计算机资源折算到性能得分的奖励,如痴迷脑捡到一个 CPU,将得到 3 分。

表 1-5　　　　　　　　　计算机资源性能得分折算

资源(1个单位)	性能得分
CPU	3
内存	2
硬盘	1

当倒计时结束会出现操作结束画面,并统计痴迷脑的综合表现,包括性能得分和它自己各个配置情况,如 CPU 多少个,内存多少,硬盘多少,如图 1-17 所示。

图 1-17　结束画面

最终评估看性能得分高低。

任务 1.2 体验阿里云

微课

任务描述

华文同学在了解云计算的起源和发展历程后,内心充满了探索的渴望。她对云计算背后的技术实现产生了浓厚的兴趣。带着这些疑问,她再次找到了夏明同学,希望夏明能继续给她讲解云计算的核心特点以及云计算的一些关键技术,带她进一步探索云计算的奥秘。

体验阿里云

任务分析

华文在听夏明讲述了亚马逊云计算的成长故事后,她对云计算有了初步认识。夏明打算从专业的角度继续分享云计算的核心特点、关键技术等知识,并带华文体验阿里云的云服务器产品,这样华文会对云计算实现有更加深入的认识。好了,接下去这个任务就交给夏明同学啦。

相关知识

1. 云计算的特点

通过追溯云计算的起源和操作《痴迷脑》教育软件,我们可以发现云计算有着明显区别于传统 IT 技术的特征。云计算主要有以下几个特点:

(1)按需付费。这是云计算模式最核心的特点,用户可以根据自身对资源的实际需求,通过网络方便快捷地向云计算平台申请计算、存储、网络等资源,平台在用户使用结束后可快速回收这些资源,用户也可以在使用过程中根据业务需求增加或者减少所申请的资源,最后,再根据用户使用的资源量和使用时间进行付费。如图 1-18 所示,云计算所提供的服务就像我们平常生活中超市售卖的商品和电厂提供的生活用电一样,我们作为普通的用户无须关心这个商品是怎么生产出来的,也无须关心电厂是怎么发电的。当我们需要商品的时候,只需去超市购买,当我们需要用电的时候,只需要插上电源,因此,云计算其实是资源共享理念在 IT 信息技术领域的应用。

图 1-18 超市模式、电厂模式和云计算模式

（2）无处不在的网络接入。无论在任何时间、任何地点，只要有网络，我们就可以通过手机、电脑等设备接入云平台的数据中心，使用我们已购买的云资源。

（3）资源共享。资源共享是指计算和存储资源集中汇集在云端，再对用户进行分配。通过多租户模式服务多个消费者。在物理上，资源以分布式的共享方式存在，但最终在逻辑上以单一整体的形式呈现给用户，最终实现在云上资源分享和可重复使用，形成资源池。

（4）弹性伸缩。用户可以根据自己的需求，增减相应的 IT 资源（包括 CPU、存储、带宽和软件应用等），使得 IT 资源的规模可以动态伸缩，满足 IT 资源使用规模变化的需要。

（5）可扩展性。用户可以实现应用软件的快速部署，从而很方便地扩展原有业务和开展新业务。

2. 云计算关键技术

云计算相关的技术种类非常多，本节我们只介绍云计算相关技术中最核心的虚拟化技术、分布式存储技术和分布式计算技术。

（1）虚拟化技术

在云计算中，我们需要将数据中心的计算、存储和网络资源抽象成一个资源池，进行统一的分配、回收和调度，那么如何构建这样一个资源池呢？这就是虚拟化技术的背景。如果你用过虚拟机，那么说明你一直在接触虚拟化技术。虚拟机就是通过虚拟化技术生产出来的。情景 2 将会重点对虚拟化技术进行深入分析。

（2）分布式存储

假设有一个为用户存储照片的 App，App 所在的服务器每天都会有成千上万张照片需要存储，万一某一天服务器损坏了怎么办？尤其是珍贵的照片都承载着满满的回忆，用户会因为照片的丢失而心情崩溃，这个 App 也可能一夜之间就销声匿迹。或者如果某个时刻用户存储的照片特别多，这时上传的速度会变慢，影响用户的便捷体验。那么如何解决这些问题呢？出现这些问题的一个重要原因是 App 的数据存储使用了传统单台服务器这种集中式存储方式。为了解决这个问题，分布式存储应运而生。

分布式存储是通过网络将多个服务器或者存储设备连接在一起整体对外提供存储服务的一种技术，这种技术能较好地解决上面遇到的问题，它是云计算中很重要的一种技术，现在越来越多的软件将用户的本地数据迁移到了云端，如我们使用的百度云盘、微信云盘、有道云笔记、网易云音乐等等，类似的基于云存储的软件不胜枚举。这些具有云存储功能的软件在底层都使用了分布式存储的技术，这种技术形成的分布式存储系统具有以下几个特性：

①可扩展：分布式存储系统可以根据存储需求动态添加或删除节点。

②高性能：随着集群规模的增长，系统整体性能也应成比例地增长，解决集中式存储设备的性能瓶颈问题。

③低成本：可以使用较低成本服务器组成分布式存储系统集群。

（3）分布式计算

假设某台计算机有计算器的功能，具体如下：

①输入 A 和 B

②运算 A+B 得到 C

③输出 C

这是非常简单的加法运算，现在这三步都是放在这台计算机上的，这是"集中式"计算。这个功能很简单，但是当功能的负载很高时，单台计算机可能无法承载，这时如果把这个功能中的不同步骤分派给不同的计算机去完成，不仅解决了负载高的问题，而且因为不是单台设备，增强了功能的可靠性，这就是分布式计算（Distributed Computing）的思想。

分布式计算是研究如何把一个需要巨大计算能力才能解决的问题拆分成许多小部分，把这些小部分分配给许多普通计算机进行处理，最后把这些处理结果综合起来得到一个最终的结果。分布式计算的概念是在集中式计算概念的基础上发展而来的。集中式计算是以一台大型的中心计算机（称为 Host 或 Mainframe）作为处理数据的核心，用户通过终端设备与中心计算机相连，其中大多数的终端设备不具有处理数据的能力，仅作为输入/输出设备使用。因此，这种集中式的计算系统只能通过提升单机的计算性能来提升其计算能力，从而导致了这种超级计算机的建造和维护成本极高，且明显存在很大的性能瓶颈。随着计算机网络的不断发展，如电话网、企业网络、家庭网络以及各种类型的局域网，共同构成了 Internet，计算机科学家们为了解决海量计算的问题，逐渐将研究的重点放在了利用 Internet 上大量分离且互联的计算节点上，分布式计算的概念在这个背景下诞生了。

3.阿里云

阿里云云计算技术是目前中国最具实力的云计算公司的代表之一，其中最核心的是飞天云计算操作系统，它是我国自主研发的计算机操作系统！取名"飞天"，寓意希望通过计算让人类的想象力与创造力得到最大的释放。飞天是服务全球的超大规模通用的计算机操作系统，它可以将全球的服务连成一台超级计算机，以在线的公共服务的方式为社会提供计算能力。目前飞天已经为全球 200 多个国家和地区提供服务，稳居全球前三，亚太第一，力压曾经占据中国数据库半壁江山、价格高昂的甲骨文产品，突破了所谓的商业"天花板"，将核心技术牢牢地掌握在了我们国家自己手中。

任务实施

"纸上得来终觉浅，绝知此事要躬行。"为了让华文对云计算有一个更加直观的认识，夏明决定带她体验阿里云的内容，以下为具体的体验步骤。

1.找到阿里云

输入 https://www.aliyun.com/ 网址，打开如图 1-19 所示页面。

图 1-19　阿里云官网

单击页面上的"登录/注册"按钮注册阿里云账号。如果已经拥有阿里云账户,就可以直接登录。

2. 用户注册

用户注册页面如图 1-20 所示。支持用户采用阿里云 App、支付宝、钉钉等方式注册,同时也支持账号注册和短信注册。

图 1-20　用户注册页面

3. 实名认证

注册成功后进入账户管理页面,在页面的右上方找到头像,将鼠标点到头像上面,会看到"实名认证"标签页,如图 1-21 所示。

单击"实名认证"标签进入如图 1-22 所示页面。

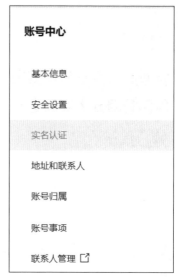

图 1-21　实名认证入口　　　　　　　图 1-22　实名认证

单击"账号管理"下面的"实名认证"选项,进入实名认证类型选择页面,如图 1-23 所示。

图 1-23　实名认证类型选择页面

普通用户请单击选择"个人认证",会弹出具体的认证方式页面,如图 1-24 所示。用户可以根据自身条件选择"个人支付宝授权"或者"个人扫脸"的认证方式。

图 1-24　个人实名认证方式页面

完成以上步骤后即完成了实名认证，这时就可以免费试用阿里云服务器 1 个月了，体验它的强大功能。

4.申请 ECS 云服务器

进入阿里云的免费套餐申请入口，网址为 https://free.aliyun.com/。

在页面上可以看到有很多阿里云产品可以选择试用。我们选择第一个产品云服务器 ECS，单击"立即试用"按钮，如图 1-25 所示。

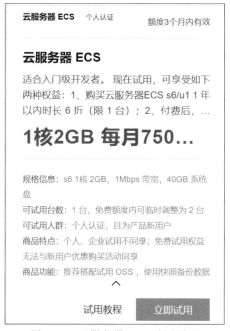

图 1-25　云服务器 ECS 试用页面

如果你已经注册账户并且实名认证，就可以申请到如图 1-26 所示的云服务器：CPU、内存、带宽都是固定的，因为是免费的，所以存储空间不能选择，唯一可以选择的是地域和操作系统。

云服务器 ECS			×
备案小贴士：因当前试用产品为按量（小时）类型暂不满足国内ICP备案要求，如需备案建议前往购买页选购，立即前往>			×
产品配置	实例规格	网络带宽	云盘
	1核(vCPU) 2 GiB	1M	40 GiB
	S6 系列机型	公网固定网络带宽	系统云盘
	适用搭建网站等场景	已自动创建VPC网络	已自动创建 高效云盘

图 1-26　免费云服务器配置

在页面上需要选择安装的操作系统，选择 Windows Server 2012 R2 操作系统，如图 1-27 所示。同时，可以选择产品所在的地域，在这里选择"华东 1（杭州）"，并选择到期释放设置为"现在设置"，产品试用到期后可以自动释放实例，如图 1-28 所示。

图 1-27　选择操作系统

图 1-28　选择地域

单击"立即试用"后,便可自动生成云服务器 ECS,如图 1-29 所示。成功申请后页面自动跳转到云服务器列表,在阿里云里面我们称之为实例。我们看到实例状态为"运行中",说明云服务器是开机运行状态。每个实例都有一个操作列表,包含"远程连接"、"资源变配"和"停止"等几个标签。在这个位置可以对实例进行操作。

图 1-29　云服务器实例列表

5.管理控制台

单击实例名称的链接,进入实例详情页面,如图 1-30 所示。在此页面可以重启、停止实例,也可以重置实例密码。同时还可以看到实例的监控详情、安全组配置、云盘配置和快照设置等操作。

图 1-30　实例详情页面

接下来,我们体验如何对实例进行常用的操作。

(1)选择开关机操作

在实例详情页面,可以看到实例的状态是"运行中",因此不能操作"启动"按钮,只能操作"重启"或"停止"按钮。单击"停止"会弹出页面确认停止方式和停止模式,如图 1-31 所示。实例停止后,可以单击"启动"按钮再次启动实例。

图 1-31　实例停止页面

(2)远程连接

在远程连接前,需要在实例详情页面单击"重置实例密码",打开如图 1-32 所示页面。选择在线重置密码,输入新密码后单击"确定"按钮,则可以使用新密码登录实例。

图 1-32　密码设置页面

密码设置完成后,单击实例详情页面中的"远程连接"按钮,有三种远程登录方式:通过 Workbench 远程连接、通过 VNC 远程连接、通过会话管理远程连接,如图 1-33 所示。其中,前两种登录方式适合远程登录 Windows 服务器。在此选择通过 VNC 方式远程连接 Windows Server 2012 R2 服务器。

图 1-33 远程连接方式

(3)操作云服务器

输入正确的远程连接密码后就登录了云服务器,这一操作过程是不是有一种似曾相识的感觉?对,是 Windows!因为前面免费申请的是 Windows Server 2012 R2 镜像,所以连接后显示的就是该操作系统的桌面,如图 1-34 所示。

图 1-34 Windows 服务器桌面

此时,你已经得到了一台免费的 Windows Server 2012 R2,当然你也可以通过这种方式得到一台苹果电脑。

任务拓展

学习完以上知识后,我们将通过一款名为"我是机房巡视员"的教育软件来拓展相关知识,一起行动吧!以下为具体介绍。

1.教育软件名称:我是机房巡视员

2.场景介绍:一个购物网站部署在单位机房的服务器中,机房里搭建了云环境,有各种 IT 资源,除了服务器、硬盘、网线、路由器、交换机等网络设备,还有各种线缆、UPS 电源设备、照明灯、空调等设备。机房本身是重地,安全的机房环境能保障购物网站的正常运行。不巧的是,一天有个不法分子入侵了该机房系统,破坏了原有的环境。其实,现在计算机被入侵的事件时有发生。进入云计算时代,人们将大量个人和企业信息存储到云端,存在一定的网络安全风险。因此在生活中我们要加强网络安全意识,例如:

(1)不要在各种软件或者设备上使用简单的密码,不要在这些地方使用相同密码或者有限的几个密码,这样易遭受攻击者暴力破解。

(2)不要轻易相信来自陌生人的邮件,不要好奇打开邮件附件。

(3)不随意打开不明链接,尤其不良网站链接。

(4)不要在公共网络,如单位、网吧或者其他共享的无线网络中等进行金融业务操作。

网络安全事关国家安全,维护网络安全人人有责。

如果你是当天的机房巡视员,请你进入机房,除了被入侵系统之外,仔细巡查其他问题,并将结果登记在一张机房巡视记录表上面。

3.角色

用户:作为一名机房巡视员,可以自由进入机房,检查内部环境,并要求每次巡视后将结果登记在一张机房巡视记录表上面,见表1-6。

表 1-6　　　　　　　　　　机房巡视记录表

序号	巡视时间
巡视问题 1	
巡视问题 2	
巡视问题 3	
巡视问题 4	
...	

如果没有任何问题,请在这里打钩

巡视员签字

4.详细介绍

本体验通过 3D 模型进行,主界面如图 1-35 所示。

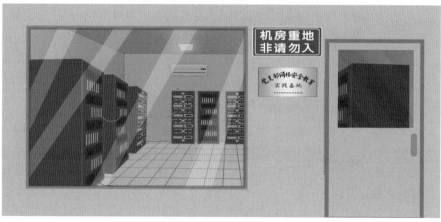

图 1-35　主界面

用户能自己通过鼠标和键盘走到机房门口,开门后进入内部查找各种问题。

3D 模型中机房(图 1-36)的故障点如下:

(1)空调温度显示为 30 ℃

(2)地面上有一些水迹,表示潮湿

(3)网线布置混乱

(4)没有消防设施器材

(5)服务器关了

(6)机房线路被切断

(7)网线没插到服务器接口上

(8)温湿度传感器在报警中

图 1-36　机房环境

用户需要通过观察机房的各个角落来检查存在的问题，并将问题记录在机房巡视记录表中，平台通过评估这张记录表给用户打分，巡视员打分表见表1-7。

微课

机房巡视员动画

表1-7　　　　　　　　　　　机房巡视员打分表

巡视问题列表	找出问题(8分)	描述准确(2分)	得分(10分)
问题 1			
问题 2			
问题 3			
…			
问题 n			
		总计	

习题练习

一、单项选择题

❶ 云计算目前还没有形成统一的定义，从本质上看，云计算是（　　）。

A. 一种理论　　　　　　　　　　　B. 一种模型

C. 一种技术　　　　　　　　　　　D. 一种服务

❷ 云计算的一大特征是（　　），没有网络的支持，就无法提供云计算。

A. 按需自助服务　　　　　　　　　B. 无处不在的网络接入

C. 资源池化　　　　　　　　　　　D. 快速弹性伸缩

❸ （　　）是私有云计算基础架构的基石。

A. 虚拟化　　　　　　　　　　　　B. 分布式

C. 并行　　　　　　　　　　　　　D. 集中式

❹ 下列哪一项不是分布式存储技术的特点？（　　）

A. 根据存储需求动态添加或删除节点

B. 可以使用较低成本服务器组成分布式存储系统集群

C. 可以实现数据冗余与备份

D. 单点存储发生故障，数据就无法访问

❺ （　　）是 Google 公司为了存储海量搜索数据而设计的一个可扩展的分布式文件系统。

A. AFS   B. GFS

C. NFS   D. HDFS

❻ Hadoop 项目的核心子项目(   )是分布式计算中数据存储管理的基础。

A. AFS   B. GFS

C. NFS   D. HDFS

❼ 2006 年,AWS 推出弹性计算云,以下描述错误的是(   )。

A. 英文名为 Elastic Compute Cloud,简称 EC2

B. 这就是亚马逊的服务器租赁和托管服务

C. 所谓弹性就是可以没有约束地增加和删除

D. 多年来,EC2 已经被广泛使用,例如不同的实例类型提供不同的 CPU、内存、存储和网络容量配置

❽ 云计算是把计算资源都放到了(   )上面。

A. 互联网   B. 广域网

C. 无线网   D. 对等网

❾ 以下不属于云计算三大底层技术的是(   )。

A. 操作系统   B. 虚拟化技术

C. 用于远程接入的互联网   D. 显卡

❿ 云计算是对(   )技术的发展与运用。

A. 并行计算   B. 网格计算

C. 分布式计算   D. 以上都是

⓫ 以下哪些因素不是云计算技术诞生和发展的主要推动力?(   )

A. 网络带宽的提升   B. 深度学习技术的出现

C. 虚拟化技术的出现   D. 移动互联网的发展

E. 进入大数据时代

⓬ 以下选项中无法体现云计算按需自助服务特性的是(   )。

A. 工程师根据自己的需求在华为公有云购买了一台云服务器

B. 工程师将自己购买的云服务器 CPU 从 2 个升级为 4 个

C. 工程师将自己购买的云服务器的操作系统从 Linux 更改为 Windows

D. 工程师在云服务器到期前一周收到了服务器提供商的通知短信

二、多项选择题

❶ 以下哪些是云计算服务?(   )

A. 腾讯云   B. ES2

C. Azure Cloud   D. 华为云

E. S3   F. 京东云

❷ 世界上第一台通用计算机"ENIAC"的劣势在于(   )。

A. 体积大   B. 价格高

C. 缺乏多用户使用能力   D. 计算有限

E. 能分时共享使用

❸ 云计算主要技术包括(　　　)。

A. 分布式计算技术　　　　　　　B. 虚拟化技术

C. 分布式存储技术　　　　　　　D. 高速网络技术

E. 软件技术

❹ 下列哪些选项体现了云计算技术的特征?(　　　)

A. 支持虚拟机　　　　　　　　　B. 资源高度共享

C. 适合科学计算　　　　　　　　D. 高可靠性

E. 商业适应性强

❺ 世界上第一台通用计算机"ENIAC"(埃尼阿克)存在哪些问题?(　　　)

A. 体积庞大　　　　　　　　　　B. 耗资昂贵

C. 计算能力非常有限　　　　　　D. 能分时共享使用

E. 缺乏多用户使用能力

❻ 之所以称"云计算"为"云",是因为(　　　)。

A. 它在某些方面具有现实中云的特征

B. 云计算公司推出了"弹性计算云"产品

C. 互联网常以一个云状图案来表示

D. 以上都不是

❼ 分布式存储系统具有的特性有(　　　)。

A. 可扩展　　　　　　　　　　　B. 一致性

C. 低成本　　　　　　　　　　　D. 高性能

❽ 机房巡检至少包括哪些内容?(　　　)

A. 检查机房温度和湿度　　　　　B. 检查机房空调的工作状态

C. 检查供配电系统的工作状态,重点检查 UPS 系统的工作状态

D. 检查机房监控、消防、门禁等设备的工作状态

❾ 机房巡检的事项包括(　　　)。

A. 机房的温度　　　　　　　　　B. 设备的告警

C. 机房的湿度　　　　　　　　　D. 机房的卫生

三、判断题

❶ 亚马逊开发的云计算产品叫 AWS。　　　　　　　　　　　　　　　　(　　　)

❷ 对于整个集群或单台服务器,分布式存储系统不需要具备高性能。　　(　　　)

❸ 理想情况下,分布式存储系统可以扩展到任意集群规模,并且随着集群规模的增长,系统整体性能反而会成比例地减少。　　　　　　　　　　　　　　　　(　　　)

❹ 分布式存储系统能够对外提供方便易用的接口,也需要具备完善的监控、运维等工具,方便与其他系统进行集成。　　　　　　　　　　　　　　　　　　　　(　　　)

❺ 服务器一般放在家中。　　　　　　　　　　　　　　　　　　　　　　(　　　)

❻ 1946 年 2 月 14 日,世界上第一台通用计算机"ENIAC"(埃尼阿克)在美国宾夕法尼亚大学诞生。　　　　　　　　　　　　　　　　　　　　　　　　　　　(　　　)

❼ 阿里巴巴开发的云计算技术可以解决高峰时间段服务器的使用率急剧上升,但是

平时资源利用效率不高的问题。　　　　　　　　　　　　　　　　　（　　）

⑧ 2006 年，AWS 正式推出其首款云计算产品——简单存储服务（Simple Storage Service，简称 S3），使企业能够使用亚马逊的基础设施构建自己的应用程序。　（　　）

⑨ 云计算可以把普通的服务器或者 PC 连接起来以获得超级计算机的计算和存储等功能，但是成本更低。　　　　　　　　　　　　　　　　　　　　　　　（　　）

⑩ 云计算的可量化服务指的是按照使用时间和使用量对客户收费。　　（　　）

⑪ 云计算真正实现了按需计算，从而有效地提高了对软硬件资源的利用率。（　　）

四、问答题

❶ 请谈谈你对云计算的理解。

❷ 什么是虚拟化技术？它在云计算中的作用是什么？

❸ 分布式存储和分布式计算的定义是什么，两者有什么区别？

❹ 云计算有哪些特点？

❺ 怎么理解云计算弹性这个特点？

❻ 云计算所依赖的三大底层技术是哪些？

❼ 在图书馆活动中你觉得哪些地方值得学习？

❽ 请罗列常见的机房故障点。

❾ 请参考教育软件——我是机房巡视员画出自己想构建的机房。

❿ 请罗列你在生活中接触到的云计算应用。

五、创新题

华文同学在了解了云计算的基本概念之后，参加了一个关于云计算的学习兴趣小组，小组经常分享讨论云计算的关键技术，比如虚拟化技术、分布式计算、集群等等。有一天，该兴趣小组的指导老师牛老师给华文布置了一个任务，让她给组内的同学做一次云计算关键技术的分享。请你代华文整理云计算的关键技术并设计一份汇报 PPT。

情景 2

走进虚拟化世界

学习目标

【知识目标】

- 了解什么是虚拟化、什么是虚拟机以及虚拟化的常见形式
- 了解服务器虚拟化的两种常见架构及其工作模式与优缺点
- 理解虚拟机内存回收机制的内涵及其虚拟内存调度的原理
- 理解 VMware 网络连接三种模式的工作原理、特点及应用
- 了解 ESXi 主机的基本架构、优点以及 ESXi 主机的管理方式
- 掌握在 VMware Workstation 中安装 ESXi 主机的方法
- 掌握在 ESXi 主机上安装虚拟机和操作系统的方法与步骤

【技能目标】

- 能够根据虚拟机内存的调度机制,为虚拟机配置合理的内存
- 能够根据不同的业务需求为 VMware 虚拟机选择合适的网络工作模式
- 能够在 VMware Workstation 中选择合适的硬件配置安装 ESXi 服务器
- 能够使用 Web 页面登录、vSphere Client 等多种方式连接访问 ESXi 服务器
- 能够在 ESXi 服务器中创建合适的虚拟机来安装 Mac OS,并为其配置网络
- 能够查阅技术文档资料,具备分析问题和解决问题的能力

【素养目标】

- 树牢"低碳、环保、节约"的理念
- 增强学生自主创新的意识和能力
- 培养学生的工匠精神

　　小李和小王是同学,有一天小王问小李:"想不想要一台笔记本电脑?我免费送你。"小李心里暗暗一笑:"呵呵!你自己没有笔记本电脑还送我?肯定是在开我玩笑。"但看着小王眼神中透露出的那份淡定与自信,小李又不得不信。所以小李忍不住向小王问道:"你不会是在骗我吧!"小王看了小李一眼,微微一笑,随后说道:"我虽然不能真的送你一台笔记本电脑,但是我可以用虚拟化技术仿真出一台。"小李听后十分好奇,迫不及待地追着小王,要他尽快传授虚拟化技术及其应用方法。

　　为了尽快帮助小李在她的 Windows PC 上仿真出一台 Mac 苹果电脑,小王对现有虚拟化技术方案进行比较分析后,准备采用 VMware ESXi 服务器虚拟化方案来实施。一方面,通过该方案可以使小李在客户端就能方便地访问和使用 Mac OS;另一方面,通过该方案还可以满足其今后虚拟化其他操作系统(如 CentOS7 等)的需要,并实现对物理计算机资源的协调管理以及对 ESXi 服务器中的虚拟机进行部署、迁移等管理。VMware ESXi 服务器虚拟化方案如下:首先在 Windows 10 ProOS 上安装 VMware Workstation 12 PRO,然后在 VMware Workstation 12 PRO 中安装 ESXi 6.7 服务器,最后在 ESXi 6.7 服务器中创建一台虚拟机,并在创建的虚拟机上用 ISO 镜像文件安装 Mac OS X10。整个虚拟化方案如图 2-1 所示。

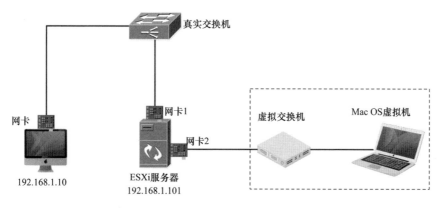

图 2-1　在 Windows PC 上虚拟化 Mac OS 的整体实施方案

任务 2.1　漫谈虚拟化

任务描述

　　通过观看"孙悟空拔毛"和"虚拟化模型"两个动画,理解虚拟机、虚拟化的概念、特点及作用,了解寄生、裸金属两种服务器虚拟化的架构及其特点与用途。通过为服务器开启硬件辅助虚拟化的实践操作,理解 CPU 虚拟化的工作模式,掌握 CPU 虚拟化的两种实施方式。通过观看"智能水池"动画以及参与"我是存王"教育游戏,理解虚拟机内存回收的工作机制以及虚拟机内存调度的基本原理。

任务分析

　　虚拟化是一个很宽泛的概念,因此,在学习中要抓重点,抓关键,由浅入深地去学,并按照逻辑关系将各个概念串联在一起,以便系统化地了解和理解虚拟化知识。

首先,要系统地、全面地看待和理解虚拟化相关概念之间的逻辑联系。即虚拟化是一种术语和一个概念;虚拟化技术是对虚拟化概念的一种实现;虚拟机是虚拟化技术的某种实现,是一种严密隔离的软件容器;虚拟化系统是对现有操作系统的一份完全拷贝;而虚拟化软件是提供虚拟化环境和服务的软件产品。

其次,要重点掌握寄生、裸金属两种虚拟化架构的工作机制及其支持的虚拟化软件产品和应用场景;要重点关注全虚拟化、半虚拟化和硬件辅助虚拟化三种计算虚拟化技术的特点,并掌握在服务器中开启硬件辅助虚拟化(如 Intel-VT、AMD-T)的方法。

相关知识

1.虚拟化产生的背景

随着企业信息化的快速提升,业界面临服务器泛滥的问题。根据数据中心设施咨询机构 Uptime Institute 在 2012 年发布的调查报告显示,数据中心约 30% 的服务器是在闲置的状态。这个原因就是 IT 建设的三专原则:专机、专用、专管,意思是有一个新应用要上线,就买 1 台服务器,配 1 人负责,这会导致随着企业业务的激增,出现服务器数量的膨胀。可是当突然间业务骤降时,服务器怎么处理? 如何有效提高资源管理效率是当务之急。曾有文章报道:"一个数据中心已经经营不下去了,不是没有钱买新的设备,而是没有钱付电费。"因为那个机器所耗的电量已经远超于要购买机器的成本。因此低效的资源管理方式还造成了能源问题。据统计,2018 年中国数据中心产生了 9 900 万吨二氧化碳,相当于约 2 100 万辆汽车在路上行驶。

虚拟化就是在这种背景下产生的。2020 年 9 月中国明确提出 2030 年"碳达峰"与 2060 年"碳中和"目标。中国数字基础设施正在加速碳中和的转型。

2.虚拟化定义及相关概念

说起虚拟化,生活中有很多类似的例子,比如孙悟空拔毛就是其中著名的一例:孙悟空在遇到危险或者与妖怪搏斗的时候经常会从身上拔出一撮猴毛(如图 2-2 所示),用嘴一吹变成很多个孙悟空,场面非常酷。除了感到场面震撼外,你是否想过这么多孙悟空都是真的吗? 我想真正的孙悟空只有一个,其他用猴毛变出来的孙悟空都受真实的孙悟空的指挥。那么变出来的孙悟空与真实的孙悟空又是什么关系呢? 大家可以发挥一下想象。也许大家会有不同的答案,但从实质上来讲,变出来的孙悟空与真实的孙悟空应是一种代理关系,即变出来的孙悟空具有真实的孙悟空的一些法力和本领。

微课

虚拟化的定义

我们再思考一个问题,变出的孙悟空可以是无穷多个吗? 我想这是不可能的,毕竟孙悟空的猴毛再多也是有限的,这说明什么问题? 说明猴毛变出来的孙悟空其法力和本领是来自并受限于真实的孙悟空的,即所有由猴毛变出来的孙悟空共享真实的孙悟空的法力和本领。

从上述孙悟空拔毛的例子中我们大概对资源共享、虚拟化有了一个基本的认识和了解。那么到底什么是虚拟化? 虚拟化的实质是什么? 严格来讲,目前关于虚拟化的定义还没有一个统一的标准,下面是目前被普遍认可的两种定义。

图 2-2   孙悟空拔毛

定义 1:虚拟化是创造设备或者资源的虚拟版本,如虚拟服务器、虚拟存储设备、虚拟网络设备或者虚拟计算能力。

定义 2:虚拟化是资源的逻辑表示,它不受物理限制的约束。

尽管上述定义在表述上有所区别,但其实质是一样的,即虚拟化就是通过虚拟化技术将计算机的各种物理资源(如服务器、网络、内存及存储等)抽象成共享的逻辑资源,而在共享的逻辑资源上支持运行多个逻辑计算机(也称虚拟机),每个虚拟机又可运行不同的操作系统,并且应用程序都可以在相互独立的空间内运行而彼此不受影响,从而显著提高计算机的工作效率。常见的虚拟化有计算虚拟化、存储虚拟化和网络虚拟化三种形式,而计算虚拟化又包括 CPU 虚拟化和内存虚拟化。

虚拟化的核心是虚拟化技术,而虚拟化技术其实是一种资源管理技术,它通过 Hypervisor[一种运行在基础物理服务器和操作系统之间的中间软件层,可允许多个操作系统和应用共享硬件,也可叫作 VMM(Virtual Machine Monitor,虚拟机监视器)]对硬件进行模拟和抽象,让 VM(Virtual Machines,虚拟机)的 UEFI(Unified Extensible Firmware Interface,统一的可扩展固件端口)/BIOS(Basic Input Output System,基本输入输出系统)和 OS(Operating System,操作系统)都运行在虚拟的硬件之上。虚拟化技术包括全虚拟化、半虚拟化和硬件辅助虚拟化三种。

在全虚拟化技术中,Hypervisor 模拟了完整的底层硬件环境,为每一个虚拟机提供完整的硬件支持,包括物理 CPU、内存、BIOS 等。客户机(Guest)完全不用做任何修改,也无法感知是否运行在虚拟化环境中。

在半虚拟化技术中,Hypervisor 只是模拟了部分底层硬件,因此需要客户机操作系统(Guest OS)进行配合,对有缺陷的指令进行修改和替换,所以 Guest OS 知道自己运行在虚拟化环境中,而不是真正的物理环境中。

在硬件辅助虚拟化技术中,Hypervisor 需要借助硬件的协助才能完成高效的全虚拟化。硬件辅助虚拟化主要集中在 CPU 上,如 Intel-VT、AMD-T 都是 CPU 硬件辅助虚拟化技术。

微课

虚拟化模型

通过虚拟化技术可以使用户获得比原本更好的组态,以更好的方式来应用包括计算能力和资料存储在内的虚拟化资源。虚拟化技术主要用来解决高性能的物理硬件产能过剩和老旧的硬件产能过低的重组重用问题,并通过透明化底层物理硬件,最大化地利用物理硬件。

虚拟机(Virtual Machine,VM)是通过软件模拟的、具有完整硬件系统功能的且运行在一个完全隔离环境中的完整计算机系统,是虚拟化技术的一种。常用的虚拟机软件有VMware、Virtual Box、Virtual PC,它们都能在 Windows 系统上虚拟出多个计算机。

3. 虚拟化的结构模型

与传统计算机模型采用主机—操作系统—APP 的结构不同,服务器虚拟化模型则采用了主机—虚拟化层—操作系统—APP 的层次结构。根据 Hypervisor 在系统中层次位置的不同,服务器虚拟化模型又分为两种类型,即裸金属结构和寄生结构,如图 2-3 所示。

图 2-3 两种服务器虚拟化结构模型

裸金属结构:VMM 虚拟软件本身就是一个 OS,可以直接安装在服务器硬件上;然后在 VMM 平台上创建虚拟机,并安装客户机操作系统(Guest OS)。在这种结构中,Hypervisor 直接运行在裸金属机上,使用和管理底层的硬件资源,运行在最高特权级别,Guest OS 对硬件资源的访问要通过 Hypervisor 来完成。裸金属结构具有硬件兼容性要求高、性能好等特点,典型的产品有 KVM、Xen、VMware ESX 等。

寄生结构:首先要在服务器上安装一个 Windows 或 Linux 的宿主操作系统(Host OS),然后在宿主操作系统平台上安装 VMM 虚拟软件,最后在 VMM 平台上创建虚拟机,并安装客户机操作系统(Guest OS)。在这种结构中,Hypervisor 作为一个程序,要运行在 Host OS 之上,而 Guest OS 则运行在 Hypervisor 之上,并通过 Host OS 来使用最底层的硬件资源,可以看出 Guest OS 依赖于 Hypervisor 这个中间层,"寄生"这个名字也来源于此。寄生结构兼容性好,但性能较差,功能单一,典型的产品有 VMware Workstation、VMware Server、Virtual PC 2007 以及 Virtual Box 等。

4. 虚拟化的特点

虚拟化有封装、分区、隔离、相对硬件独立四大特点。

这里的封装是指虚拟机从更高的视角看是一个文件,虚拟化把虚拟机打包成了一个文件,打开这个文件就是一个虚拟机的世界。因此在移动或者复制虚拟机操作时本质上就是在移动或者复制文件。

分区是指对物理机进行分区,每个分区可以运行虚拟机,这样就能实现一个物理机上同时运行多个虚拟机。物理机的资源通过分区分配给了各个虚拟机。

隔离是指虚拟机之间相互隔离,各自独立运行,不会因为这台虚拟机的问题影响到其他虚拟机的正常运行,解决了以往增加一个新的应用需要买一台新服务器的困扰。

相对于硬件独立是指虚拟机无须修改就可以在任何物理机上运行,比如说可以把一台虚拟机从这台物理机迁移到另一台不同硬件的物理机。

任务实施

1. 虚拟机的内存回收机制

虚拟机的内存是哪里来的?上面已经介绍了是虚拟出来的,但最终还是从真实的内存这边分配过来的,如图 2-4 所示。那么实体机内存和虚拟机内存之间是什么关系?当内存不足的时候又是如何来调度的?

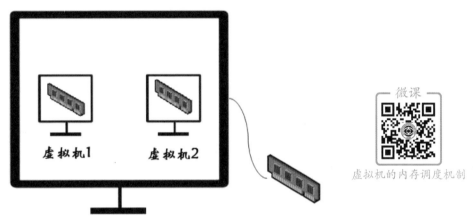

微课

虚拟机的内存调度机制

图 2-4　实体机的内存和虚拟机的内存

为了更好地理解这种调度,我们把实体机比作一个智慧的水池,水池中的水就是真实的内存,虚拟机内存就是水池中的水箱。这里假定物理机的实际内存为 4 GB(水池的最大容量是 4 GB),而虚拟机 1 和虚拟机 2 设定的虚拟内存均为 4 GB(每个水箱的最大容量均设定为 4 GB)。当虚拟机 1 和虚拟机 2 都未开机的时候,两个虚拟机的内存水箱都是完全漂浮在水上面,如图 2-5 所示。

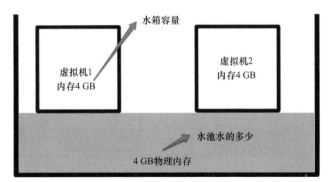

图 2-5　虚拟机 1 和虚拟机 2 未开启时智慧水池的状态

当虚拟机 1 开机时,因为需要消耗一定的内存(比如 1 GB),这时它会从水池中抽取

1 GB 的内存,如下图 2-6 所示。

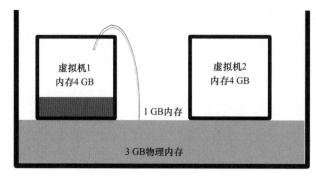

图 2-6 虚拟机 1 开机后的水池状态

当虚拟机 1 不断运行应用程序时,消耗的内存也会越来越多,这里假定消耗了 3 GB 内存,此时,水池中的水变得越来越少,只剩下 1 GB,如图 2-7 所示。

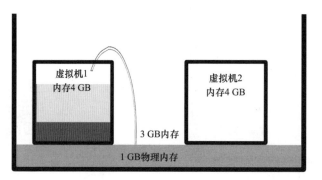

图 2-7 虚拟机 1 持续运行多个应用程序后的水池状态

过段时间关闭虚拟机 1 的应用程序,内存得到释放,然而水池因为不知道虚拟机 1 的状况而保持原先的水量(1 GB)。

很显然,当虚拟机 2 未开机的时候这种状态没有问题,但是当虚拟机 2 开机的时候,一切都变得难以控制。如图 2-8 所示,如果虚拟机 2 开机占用 1 GB 内存,那么意味着水池中就没有水了。其实,在实际运行的情况中,VMM 是绝不允许这种情况发生的,那它究竟是以何种机制来避免这种情况发生的呢?

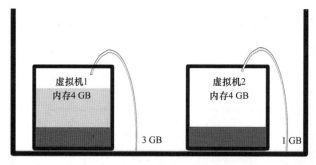

图 2-8 虚拟机 2 开机后的水池状态

这种机制的第一步就是报警,类似水库警戒水位自动报警机制,当物理内存达到一定的低位线后,VMM 会启动报警机制。如图 2-9 所示。

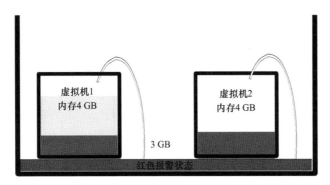

图 2-9　水池内存不足后启动报警

　　光有报警是不够的,还需要有解决问题的机制。与水库警戒水位自动蓄水机制一样,当水池内存容量低于设定的警戒值时,VMM 会自动启动虚拟机内存回收机制。如图 2-10 所示,当水池内存不足时,虚拟机 1 中会启动一种类似气球的内存回收容器,并通过气球容器把多余的内存挤回到水池中。

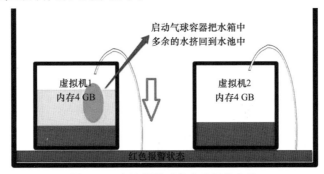

图 2-10　水池报警后的内存回收方法

　　实体机和 VMM 每隔一定时间就会扫描虚拟机内存,通过计算来启动气球,并将虚拟内存挤入实体机中,这种内存回收机制被称为气球膨胀,如图 2-11 所示。

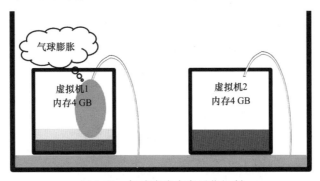

图 2-11　气球膨胀内存回收机制

　　上面介绍的是内存回收的一种机制,在 VMware 的虚拟化技术中内存的空闲状态一共有 4 种,即 High、Soft、Hard 和 Low。当内存空闲比例达到一定的阈值后就会启动相应的回收机制,见表 2-1。其中,Balloon 就是上述提到的气球膨胀机制。

表 2-1　　　　　　　　　　　内存回收机制

内存空闲状态	阈值	内存回收机制
High	6%	TPS
Soft	4%	Balloon,Compression
Hard	2%	Balloon,Compression,Swap
Low	1%	Swap

表中的 TPS 是一种透明页共享技术,它会扫描实体机上的虚拟机,识别并优化相同的内存页,如果存在多个重复的内存页,那么只存储一份即可。

Compression 是指内存压缩。这里我们先了解下操作系统对内存的分配原理。当操作系统给应用程序分配虚拟内存时,虚拟内存的大小可以超过真实内存大小,这就好比杂技小丑抛很多球,虽然每只手只能接 1 个球,但是我们看到的是他接住了很多球。如图 2-12 所示。

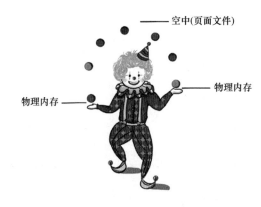

图 2-12　杂技小丑抛球表演

两只手就像真实内存,球不用的时候抛到空中(我们把它叫作页面文件),而真实内存和页面文件的总和就是虚拟内存。如图 2-13 所示,内存压缩就是在虚拟内存和真实内存之间通过一些算法来进行压缩,使真实内存变小,这种做法因为需要压缩和解压缩会消耗CPU,但是不需要将虚拟内存搬到硬盘中,大大节省了硬盘 I/O 的读写时间。

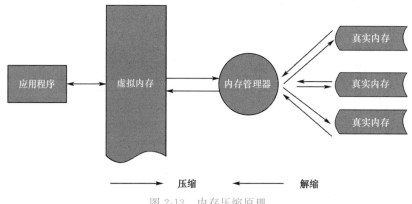

图 2-13　内存压缩原理

当真实内存实在不够用时,就会把内存数据存放到页面文件中,这就需要消耗很大的硬盘 I/O 读写时间,这种方式被称为 Swap。

在主板 BIOS 上开启虚拟化技术。

虚拟机内存调度回收机制虽然在一定程度上解决了计算虚拟化的问题,但从总体上来讲通过软件方式来实现虚拟化的效率较低,资源消耗较大,因此,为了大幅度提升虚拟化的效率,加快程序运行速度,需要硬件虚拟化的支持。硬件虚拟化是指 CPU 硬件提供结构支持,实现高效率地运行虚拟机。目前服务器 CPU 硬件的虚拟化技术有 Intel 的 IntelVT-x、AMD-V、龙芯虚拟化等,尤其是国产龙芯,从龙芯 3B3000 开始已经自主设计了 CPU 的全面硬件虚拟化支持。我们知道,美国对半导体芯片及相关产品的管制,势必妨碍我国传统产业升级、战略性新兴产业发展和未来产业培育,进而威胁到国家总体安全。芯片被喻为工业的"粮食"和信息产业的基石,国家一直非常重视芯片产业的发展,这条产业链上有很多技术上的难点需要去一一攻克,包括芯片的设计、制造等。尤其是芯片制造,其实我们国家已经有强大的芯片设计能力,但是芯片制造是一项非常复杂的工艺,一个指甲盖大小的面积就包含了几千万甚至几亿个晶体管,因此需要大量勇于创新敢于担当的芯片制造工程师,从而做强民族芯片。

芯片搭配的主板 BIOS 中往往自带了开启虚拟化技术的功能,但在主板出厂时默认禁用了虚拟化技术。

因此,本拓展任务主要是完成在真实主机的主板 BIOS 上开启虚拟化技术。以下为开启的具体方法。

(1)首先,需要确认计算机 CPU 的型号,然后根据型号查找是否支持虚拟化技术,比如你的 CPU 是 Intel 酷睿 i5 7500,那么你可以百度这个型号的具体参数,建议到中关村网站上查询,如图 2-14 所示,我们可以看到该 CPU 支持虚拟化技术,采用的是 Intel VT (Intel Virtualization Technology)技术。

技术参数	
睿频加速技术	支持，2.0
超线程技术 ⓘ	不支持
虚拟化技术	Intel VT
指令集 ⓘ	SSE4.1/4.2，AVX 2.0，64bit
64位处理器	是
性能评分	27052
其他技术 ⓘ	支持英特尔博锐技术，增强型SpeedStep技术，空闲状态，温度监视技术，身份保护技术，AES新指令，安全密钥，英特尔Software Guard Extensions，内存保护扩展，操作系统守护，可信执行技术，执行禁用位，具备引导保护功能的英特尔设备保护技术

图 2-14　Intel 酷睿 i5 7500 型号的参数查看

(2)其次,开机时按 F1、F2、F12、DEL 或 ESC 等键进入 BIOS,具体是哪个按键取决于计算机的产品型号,比如联想电脑大部分采用 F1 或 F2。你可以在电脑启动时看屏幕上是否提示按哪个键,或者直接在百度里输入"品牌＋怎么进入 BIOS"关键词解决这个问题,如图 2-15 所示。

联想怎么进入bios_百度经验

| 1 | 2 | 3 | 4 |
| 首先打开电脑电源。当电脑屏幕上出现画... | 接下来，电脑就会进入硬件的BIOS设置界... | 当我们对电脑的BIOS设置完成以后，可以... | 另外，如果我们在启动的时候，需要临时... |

图 2-15　进入 BIOS 的快捷键查看

（3）进入 BIOS 后，找到 Advanced 选项或者 Security 选项，如图 2-16 所示是进入 Advanced，里面有一个 CPU Setup 选项。

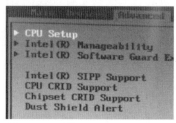

图 2-16　寻找 Virtualization 入口

（4）选择 CPU Setup，进入 CPU 设置页面，里面有虚拟化设置功能，如图 2-17 所示，有关虚拟化有两个选项，一个名为 Intel（R）Virtualization Technology，一个名为 VT-d，前者就是 Intel 公司针对处理器的虚拟化技术，让虚拟机能够运行起来。而后者是处理有关芯片组的技术，它提供一些针对虚拟机的特殊应用，如支持某些特定的虚拟机应用跨过处理器 I/O 管理程序，直接调用 I/O 资源，从而提高效率，通过直接连接 I/O 带来近乎完美的 I/O 性能，因此 VT-d 不是必需的，用户可以自行设置，具体设置时选择 VT-d 项按回车键，如果是 Disabled，按下回车键就变成了 Enabled。

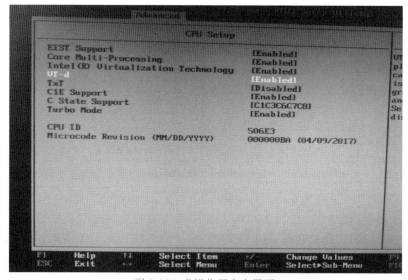

图 2-17　虚拟化所在主界面

（5）按 F10 键保存 BIOS 设置，然后按 ESC 键退出 BIOS。

注：若该 CPU 为 AMD CPU，则进入 BIOS 后可以前往"Advanced"选项并选择"CPU Configuration"，然后选择"SVM Mode"，并将其设置成"Enable"，保存后退出即可，具体操作跟真实的机器型号有关。

任务 2.2　安装 ESXi 主机

任务描述

通过听小王的悉心讲解、观看视频和参与游戏，小李已经对服务器虚拟化架构、虚拟化内存调度回收机制以及 CPU 虚拟化技术有了一定的认识和理解。因此，小王觉得有必要让小李尽快学会 VMware ESXi 服务器的安装与部署方法，使其能尽快了解 ESXi 的基本架构，熟悉 VMware 网络连接的三种工作模式，掌握 ESXi 主机的连接与管理方式，以便为其下一步在 VMware ESXi 服务器上安装部署 Mac OS 奠定基础。为了帮助小李完成 VMware ESXi 服务器的安装，小王安排了以下工作任务：首先，在 Windows 10 上安装 VMware Workstation 12 PRO 虚拟机软件；然后，在 VMware Workstation 12 PRO 中安装 ESXi 6.7 服务器。

任务分析

本任务采用了基于 Workstation 平台安装 ESXi 服务器的方案，虽然该方案在很大程度上减少了因直接在裸金属机上安装 ESXi 服务器带来的硬件兼容性等问题，但在实施中也存在其他一些需要注意的问题。

首先，要选择合适的虚拟机网络连接方式。虽然 Bridged、NAT 和 Host-only 都可以使 ESXi 服务器通过主机上网，但考虑到需要在 ESXi 中部署 Mac OS 并实现上网，而 ESXi 以提供 vSwitch 的方式来实现虚拟机的上网，因此，建议使用桥接方式作为 ESXi 服务器的网络连接方式来实现上网。

其次，要选择合适的虚拟机处理器数量和每个处理器的内核数量。这里讲的处理器数量是指 CPU 核数，而每个处理器的内核数量则是指 CPU 中的逻辑线程，因此，在设置时应根据物理机 CPU 实际的核数和线程数量进行合理设置，如 Intel i5 一般是 4 核 4 线程，在设置时可以将处理器数量设置为 2，每个处理器的内核数量设置为 1；Intel i7 一般是 4 核 8 线程，则在设置时可以将处理器数量设置为 2，每个处理器的内核数量设置为 2。

再次，要选择合适的虚拟磁盘类型和磁盘容量。一般而言，安装服务器建议使用 SCSI 虚拟磁盘类型，而磁盘容量一般应大于 40 GB，在物理磁盘允许的情况下，可以将磁盘容量设置得更大一些,如 80 GB、100 GB 等。

最后,要合理解决安装过程中遇到的问题。一是当出现"无法连接 MKS:套接字连接尝试次数太多;正在放弃"而无法启动虚拟机时,应在物理机中开启相关的 VMware 服务;二是应该给 ESXi 设置由 7 位及以上字母、数字和特殊字符组成的强字符;三是安装完成后按 F2 键进入 System Customization 为 ESXi 设置网络 IP 地址。

相关知识

1. 虚拟化软件

虚拟化软件作为云计算底层基础软件,是云计算的基石。当前主要的虚拟化产品有新华三的 CAS、华为的 FusionSphere、浪潮云海 InCloudSphere、VMware 的 vSphere 等。虽然 VMware 产品依然占有最多的市场份额,但是近年来,国产虚拟化厂商突破层层技术壁垒,发展势头迅猛。2021 年,国际权威组织发布 SPECvirt_sc2013 性能测试结果,浪潮云海虚拟化 InCloud Sphere 刷新 Intel 两路服务器上虚拟化软件性能测试成绩,以 4 679 分打破了已尘封四年之久的世界纪录,位列全球性能第一,较之前的测试最高分提升了 39%。当然,必须承认,现在国产虚拟化软件整体来讲与 VMware 相比还存在一定的差距,我们必须学习先进技术,继续攻关克难。其实,国家层面早有布局,在政策引导和有关部门的强力推动下,近年来我国在自主可控软硬件研发、应用及生态链建设等方面已初见成效。

2. ESXi 相关概念

vSphere 是 VMware 公司虚拟化解决方案的一个产品套装,其核心的组件是 ESXi 和 vCenter。ESXi 即 ESXi 主机,是一个虚拟化平台层,它通过对处理器、内存、存储器和网络等底层硬件资源的虚拟化和统一调度管理,支持在其平台上创建和运行多个虚拟机,支持对虚拟机进行部署、迁移等管理操作,支持通过配置虚拟交换机上的 vSwitch 管理配置网络资源,支持通过 VMfs 和 Nfs 管理虚拟存储资源。

vCenter Server 是安装在某一台虚拟机中的一种 Windows 服务,在安装后自动运行。作为 ESXi 主机集中管理的中心入口,vCenter Server 可将多个主机的资源加入池中并进行管理,具备很多企业级应用的功能特征(如 vMotion、VMware High Availability、VMware Update Manager、VMware DRS 等),用于监控和管理物理、虚拟基础架构。

3. ESXi 体系架构

ESXi 体系架构分为硬件层、核心管理层和辅助管理层三层。其中,硬件层主要包括 CPU、内存、外存、网络硬件设备等;核心管理层主要包括类 POSIX 操作系统(VMkernel)提供的 CPU 资源调度、内存分配管理等各类功能服务;辅助管理层主要包括 VMkernel 辅助用户监控管理虚拟机的多个代理(如 vpxa 等)和守护进程(如 hostd 等)。

如图 2-18 所示,ESXi Server 安装在物理机之上,Guest OS 和 App 位于 ESXi Server 的虚拟机上,vCenter 也安装于其中的一个虚拟机之上;而 vSphere Client 则安装在客户端的 PC 之上。

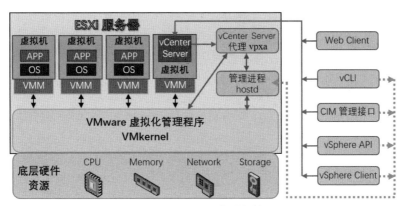

图 2-18　ESXi 体系架构

4. ESXi 工作机制

首先,ESXi Server 通过虚拟化管理程序 VMkernel 实现对物理机硬件设备的虚拟化管理;其次,通过在每台虚拟机上安装 VMM(虚拟机监视器),实现对虚拟机状态的监视以及对虚拟机资源使用的有效管理;最后,通过 vSphere Client、vCenter Server、Web Client 或者 vCLI(vSphere 的命令行端口,可以用于 ESXi 命令行调试)、CIM(Cloud Infrastructure management,云基础架构管理套件)管理端口、vSphere API 等连接 ESXi 服务器并进行相关管理操作。

通常在小规模应用中,可以使用 vSphere Client、vSphere API 等图形化工具或 vCLI、SSH/ESXi Shell 等命令行,直接连接 ESXi 服务器,并调用其 hostd 管理进程进行相关管理操作;而在大规模商业应用中,则可以使用 vSphere Client、Web Client、vSphere API 等图形化工具,连接 vCenter Server,并调用其 vpxa 代理进程进行相关管理操作。

5. 虚拟机网络连接方式

VMware 通常有 Bridged、NAT 和 Host-Only 三种网络模式及上网方式。其中,在 Windows 网络连接设置界面中新增的两块网卡中,VMnet1 是虚拟机 Host-only 模式的网络端口,而 VMnet8 是 NAT 模式的网络端口。

(1)选择桥接模式(Bridged),使用 VMnet0。在此模式下,虚拟机和主机就好比插在同一台交换机上的两台电脑。如果主机连接到开启了 DHCP 服务的(无线)路由器上,这时虚拟机能够自动获得 IP 地址。如果局域网内没有提供 DHCP 服务的设备,那就需要手动为虚拟机设置一个与主机同网段的 IP 地址。如果电脑主机安装多块网卡,则还需要手动指定要桥接的那块网卡。

(2)选择网络地址转换模式(NAT),使用 VMnet8。在此模式下,虚拟机处于一个新的网段内,由 VMware 提供的 DHCP 服务自动分配 IP 地址,然后通过 VMware 提供的 NAT 服务,共享主机实现上网。在 NAT 模式下,虚拟机可以访问主机所在局域网内所有同网段的电脑,但除了主机外,局域网内的其他电脑都无法访问虚拟机。

（3）选择主机模式（Host-Only），使用 VMnet1。在此模式下，虚拟机处于一个独立的网段中。但与 NAT 模式不同，该模式下无法为虚拟机提供 NAT 服务，所以此时虚拟机无法上网，但可使用 Windows 系统提供的连接共享功能实现共享上网。如果没有开启 Windows 的连接共享功能，除了主机外，虚拟机与主机所在的局域网内的所有其他电脑之间无法互访。

任务实施

1. 新建虚拟机

首先，打开 Workstation 12 PRO，单击"创建新的虚拟机"，如图 2-19 所示，新建一个全新的操作系统。

图 2-19　创建新的虚拟机

2. 选择镜像文件

在弹出的"新建虚拟机向导"对话框中，选择"安装程序光盘镜像文件"选项，然后选择 ESXi 镜像文件，当然也可以选择"稍后安装操作系统"选项，如图 2-20 所示。

图 2-20　选择 ESXi 镜像文件

3. 选择操作系统类型

单击"下一步"按钮,出现如图 2-21 所示的"选择客户机操作系统"对话框,这里我们需要选择"VMware ESX(X)",然后在"版本"下拉列表中选择跟镜像相匹配的版本,由于我们的 ESXi 镜像版本是 6.5,因此操作系统版本选择为 VMware ESXi 6.x,如图 2-22 所示。

图 2-21　"选择客户机操作系统"对话框

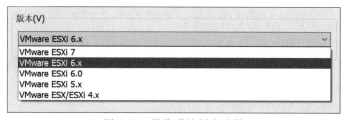

图 2-22　操作系统版本选择

4. ESXi 命名和存储位置选择

单击"下一步"按钮,出现如图 2-23 所示的"命名虚拟机"对话框,可以设置合适的 ESXi 机器的名称和存储位置。

5. 指定存储容量

单击"下一步"按钮,设置存储容量,如图 2-24 所示,建议大小是 40 GB 及以上,并选择"将虚拟磁盘存储为单个文件"选项。

图 2-23　ESXi 命名和存储位置选择

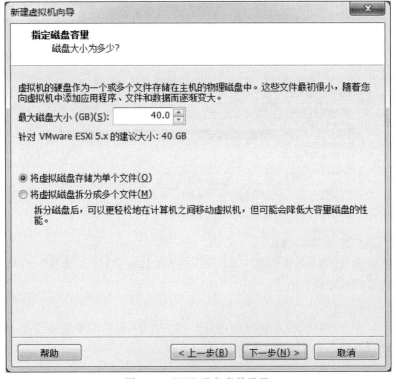

图 2-24　ESXi 磁盘容量设置

单击"下一步"按钮就会出现前面所有设置的总览信息,如图 2-25 所示。

图 2-25　ESXi 虚拟机设置情况

从图 2-25 中我们可以看到设置的 ESXi 虚拟机的名称、存储的位置、选择的操作系统版本、磁盘大小、内存大小、网卡连接方式等。如果需要修改这些信息,可以单击"自定义硬件"按钮重新进行设置。为了快速体验,我们直接单击"完成"按钮并开启该虚拟机。

6. 安装 ESXi

我们在启动 ESXi 虚拟机时,会弹出如图 2-26 所示的安装开始界面。

图 2-26　ESXi 安装开始界面

稍后会弹出如图 2-27 所示的安装选择界面,按下回车键表示继续。

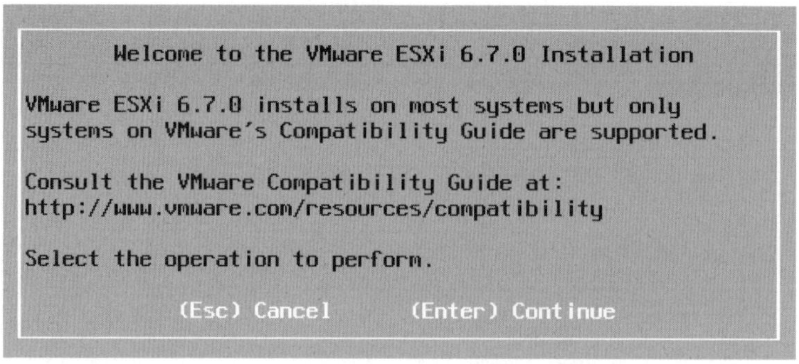

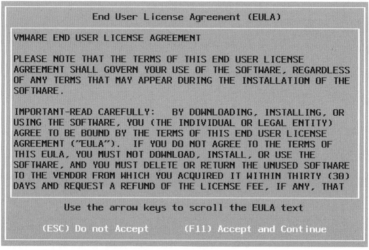

图 2-27　ESXi 安装选择界面

紧接着按 F11 键同意终端用户条款，如图 2-28 所示。

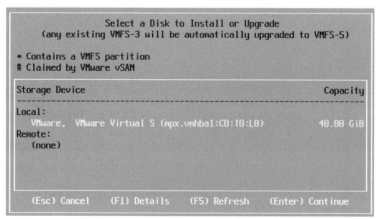

图 2-28　接受 ESXi 终端用户条款界面

接受条款后系统会扫描硬件设备是否正常，如果正常会弹出 ESXi 系统存储位置选择，如图 2-29 所示，就像安装 Windows 操作系统需要选择安装在固态硬盘还是传统硬盘中一样，因为这里只有之前设置的 40 GB 大小的硬盘，为了简便，我们直接选择该硬盘进行存储安装。

```
          Select a Disk to Install or Upgrade
   (any existing VMFS-3 will be automatically upgraded to VMFS-5)

* Contains a VMFS partition
# Claimed by VMware vSAN

Storage Device                                          Capacity
----------------------------------------------------------------
Local:
   VMware,  VMware Virtual S (mpx.vmhba1:C0:T0:L0)     40.00 GiB
Remote:
   (none)




   (Esc) Cancel     (F1) Details     (F5) Refresh     (Enter) Continue
```

图 2-29　ESXi 系统存储位置选择界面

按下回车键后弹出键盘布局选择界面，我们采用默认的 US Default 模式，如图 2-30 所示。

Please select a keyboard layout
Swiss French
Swiss German
Turkish
US Default
US Dvorak
Ukrainian
United Kingdom
Use the arrow keys to scroll.
(Esc) Cancel
(F9) Back
(Enter) Continue

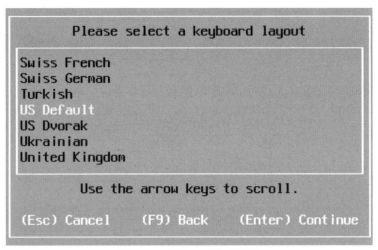

图 2-30　键盘布局选择界面

按下回车键，弹出 root 账户密码设置界面，如图 2-31 所示。其实 ESXi 也是基于 Linux 内核的，我们看到 ESXi 的超级管理员也是 root 账户，记住自己设置的密码，在教学环境下可以参考设置密码为 P@ssw0rd，因为该密码能满足大部分的密码复杂度策略，既有大小写字母，又有数字和特殊符号，且容易记忆，但是在生产环境下千万别采用这种密码。

Enter a root password
Root password: *********
Confirm password: *********
Passwords match.
(Esc) Cancel
(F9) Back
(Enter) Continue

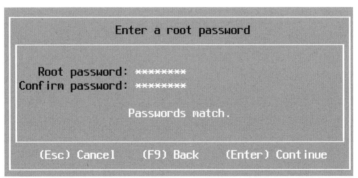

图 2-31　root 账户密码设置界面

按下回车键，弹出确认安装界面，如图 2-32 所示。

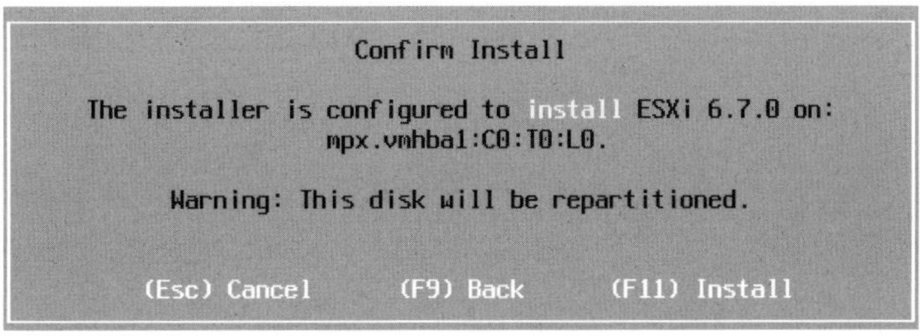

Confirm Install
The installer is configured to install ESXi 6.7.0 on:
mpx.vmhba1:C0:T0:L0.
Warning: This disk will be repartitioned.
(Esc) Cancel
(F9) Back
(F11) Install

图 2-32　ESXi 确认安装界面

这时如果按下 F11 键就会格式化原先选择的硬盘，所以一定要保证该磁盘的数据已经无用。现在按下 F11 键开始正式安装，如图 2-33 所示会显示安装进度条。

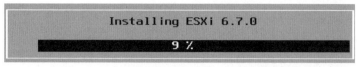

图 2-33　ESXi 安装进度界面

大概十分钟就可以安装完成，如图 2-34 所示为安装完成的提示界面。

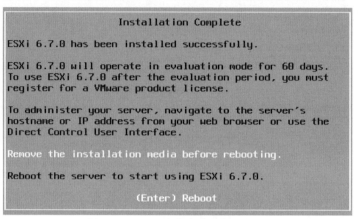

图 2-34　ESXi 安装完成的提示界面

按下回车键重启系统，会看到 ESXi 的主界面，如图 2-35 所示，说明已经正确安装 ESXi 这个虚拟化系统了。

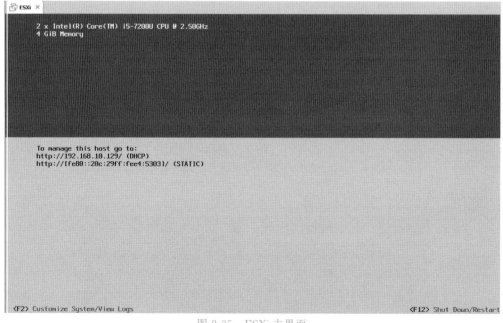

图 2-35　ESXi 主界面

看到这个界面是不是很奇怪？这个系统不像 Windows 或者 Linux 那样有桌面，这里的 ESXi 操作系统只有两个入口，要么按 F2 键自定义系统，要么按 F12 键关机或者重启系统。重点是自定义系统，从这里我们也可以看出 ESXi 是一个虚拟化服务器，并不是给普通用户使用的，更像一个管理系统。按下 F2 键可以配置一些功能，比如选择 Configure Management Network，如图 2-36 所示，可以看到 IP 地址信息，当然也可以对它进行修改。

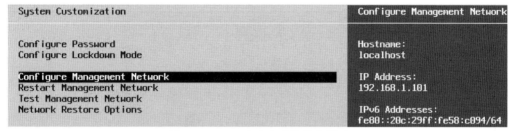

图 2-36　ESXi 自定义系统操作界面

任务 2.3　管理 ESXi 主机

任务描述

小王在虚拟机上成功安装了 ESXi 主机后，看到这个操作系统跟 Windows 和 Linux 差别很大，它的功能很少。我们在前面已经了解了 ESXi 主要的功能，现在就去真实体验下它的特殊功能，为此本任务首先要确保 ESXi 主机和真实主机的网络连通性，同时能够对 ESXi 进行各种设置，最后在 ESXi 上创建一个虚拟的 Mac 电脑。

任务分析

微课

管理ESXi主机

成功安装 ESXi 后，首先要进行网络配置，确保其能够与实体机进行通信；然后要能够正确配置 ESXi 的相关功能，比如网络信息修改，IP 地址的连接性测试，重启网络服务，管理 SSH 和 Shell 服务的开启和关闭等；最后，需要熟悉远程连接该主机的方法和具体操作过程，包括 VMware 自带的连接服务器、vSphere Client 和常用的 SSH 连接软件，并能够在 ESXi 主机上创建各种虚拟机。

1.网络管理

(1)修改实体机网络信息

下面我们回到主电脑,在"控制面板"→"所有控制面板项"→"网络和共享中心"位置单击"更改适配器设置",如图 2-37 所示。

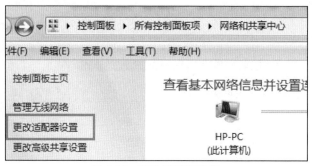

图 2-37 更改适配器设置

找到自己实体机使用的本地连接,可能是无线,也可能是有线,如图 2-38 所示,本地连接 6 为当前使用的连接方式。

图 2-38 实体机本地连接

单击"本地连接 6",在弹出的对话框中单击"属性"按钮,弹出"本地连接属性"对话框,选择"Internet 协议版本 4(TCP/IPv4)"选项,并单击"属性"按钮,打开如图 2-39 所示的"Internet 协议版本 4(TCP/IPv4)属性"对话框。

单击"高级"按钮,在弹出的对话框中添加一个 192.168.1.10 的 IP 地址,用于跟虚拟机中的 ESXi 主机进行桥接通信,如图 2-40 所示。

(2)修改 ESXi 主机网络信息

回到虚拟机的 ESXi 主机,在配置主界面上单击"Configure Management Network",进入网络配置界面,设置 IP 地址,如图 2-41 所示。

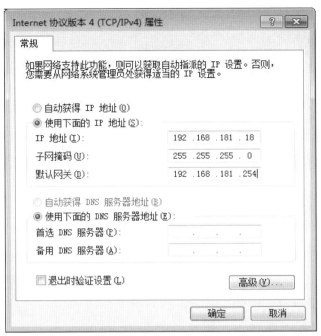

图 2-39　"Internet 协议版本 4(TCP/IPv4)属性"对话框

图 2-40　实体机添加 IP 地址

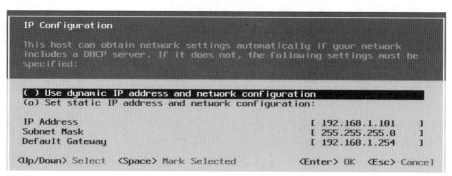

图 2-41　配置 ESXi 主机 IP 地址

(3)重启 ESXi 主机网络服务

IP 地址重新设置后，建议重启服务器，可以在配置主界面上单击"Restart Management Network：Confirm"，如图 2-42 所示。

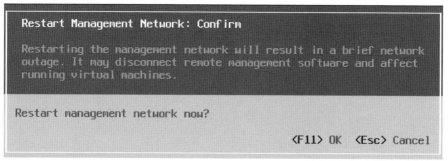

图 2-42　重启网络服务器

(4)实体机与 ESXi 主机的网络连接性测试

在做其他事情前，一定要做好网络的基础连通工作，因此在实体机和 ESXi 主机之间配置好 IP 地址后一定要进行 ping 测试，这里我们主要演示在 ESXi 主机上如何与实体机进行 ping 测试。

首先，在配置主界面上单击"Test Management Network"，输入要 ping 的主机 IP，如图 2-43 所示。

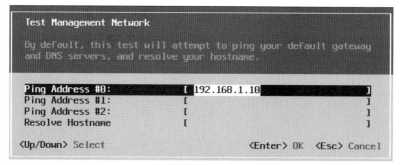

图 2-43　输入要 ping 的主机 IP

按下回车键，查看测试结果，如果 ping 通则会返回 OK，否则会提示 FAILED，如图 2-44 所示。

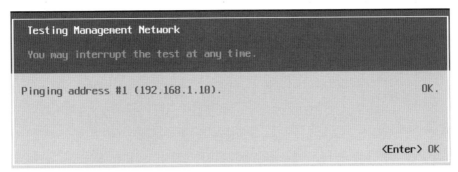

图 2-44 ping 返回结果

2.连接服务器

连接 ESXi 主机的方式有多种，包括 Workstation 的连接服务器，或者采用 vSphere Client 或者 SSH 方式，如图 2-45 所示为 Workstation 的连接服务器方式，因为在生产环境下 ESXi 不是装在 Workstation 中的，所以这种方式不建议采用。

图 2-45 Workstation 自带连接服务器

单击"连接服务器"选项后打开如图 2-46 所示的"连接服务器"对话框，按图进行设置。

图 2-46 输入 ESXi 主机相关信息

很多人总是搞错这一步骤，首先服务器名称可以输入 ESXi 主机的域名或者 IP 地址，而用户名就是前面安装 ESXi 时设置的 root 账户密码。

3. 登录 ESXi

单击图 2-46 对话框中的"连接"按钮，会出现如图 2-47 所示界面。

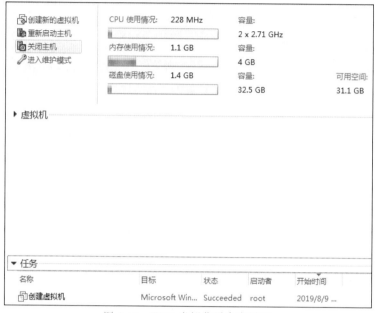

图 2-47　ESXi 虚拟化平台主界面

我们可以看到通过 Workstation 自带连接功能登录的界面基本就是整个 ESXi 虚拟化平台的主页面，其看起来比较简单，主要分为三部分：顶部主要是创建新的虚拟机以及 ESXi 自身基础设施的状态信息，包括 CPU 使用情况、内存使用情况和硬盘使用情况；中间部分是新建的虚拟机列表；底部是用户的操作过程记录和进度情况等信息。

4. 创建新的虚拟机

刚才我们在安装 ESXi 时已经创建了一次新的虚拟机，现在还要在这个虚拟机中创建新的虚拟机。为了实现这个操作，我们在主界面上单击"创建新的虚拟机"按钮，弹出如图 2-48 所示对话框。

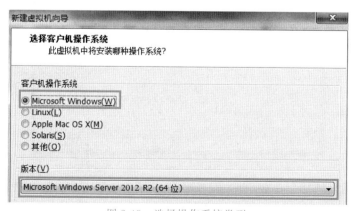

图 2-48　选择操作系统类型

安装完成之后会发现显示的设备中没有镜像文件，于是单击"CD/DVD 驱动器 1"选项，如图 2-49 所示。

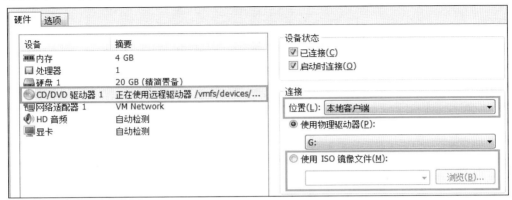

图 2-49　选择镜像文件

选择相应的 Windows Server 2012 R2 镜像文件，即可完成虚拟机的设置，如图 2-50 所示，在虚拟机位置会出现刚才新建的虚拟机 server 2012，右击该虚拟机并选择"电源"下的"开机"选项，即可完成该虚拟机的安装，具体安装与真实的 Windows 安装没有区别。其他的操作系统请自行安装。如果有 Mac 的镜像文件，那么就可以拥有一台苹果电脑了，赶快行动起来！

图 2-50　开机安装操作系统

习题练习

一、单项选择题

❶ 在虚拟机 VMware 软件中实现联网过程，图 2-51 中箭头所指的网络连接方式与下列哪个相关？（　　）

本地连接2

VMware Network
Adapter VMnet1

无线网络连接3

VMware Network
Adapter VMnet8

图 2-51　网络连接方式

A. Host-only　　　　B. Bridged　　　　C. Nat　　　　D. 嫁接

❷ 请问图 2-52 中的虚拟化架构属于什么类型？（　　　）

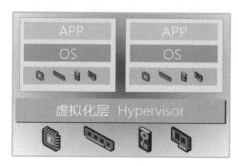

图 2-52　虚拟化架构

A. 裸金属架构　　　　B. 云技术架构　　　C. 寄生架构　　　　D. 动感地带架构

❸ 您如何说服上司开始实施数据中心虚拟化？（　　　）

A. 您无法直接接触虚拟机　　　　　　　　B. 可以省电

C. 您的用户可以自行调配服务器　　　　　D. 服务器将产生更多热量

❹ 虚拟化可以做什么？（　　　）

A. 使服务器耗电更多，将硬件转换为软件

B. 将硬件转换为软件，使服务器耗电更少

C. 将软件转换为硬件，使服务器耗电更少

D. 购买更多服务器，将硬件转换为软件

❺ 您的经理想知道虚拟机会为组织带来怎样的好处。您可以解释说，虚拟机可以（　　　）。

A. 降低应用许可成本，减少物理服务器的数量

B. 消除备份需求，减少物理服务器的数量

C. 减少物理服务器的数量，提供比物理服务器更长的运行时间

D. 消除备份需求，提供比物理服务器更长的运行时间

❻ 准备新建虚拟机的正确操作顺序是（　　　）。

A. 创建虚拟机、安装补丁程序、安装操作系统、加载 VMware Tools

B. 创建虚拟机、安装操作系统、加载 VMware Tools、安装补丁程序

C. 创建虚拟机、加载 VMware Tools、安装操作系统、安装补丁程序

D. 安装操作系统、创建虚拟机、安装补丁程序、加载 VMware Tools

❼ 下列哪一个电源状况命令仅在 VMware Tools 安装后才可用？（　　　）

A. 开机　　　　　　B. 重置　　　　　C. 重新启动客户机　　D. 挂起

❽ 模板与虚拟机的区别是什么？（　　　）

A. 模板的虚拟磁盘文件始终以稀疏格式存储

B. 模板无法启动

C. 虚拟机和模板必须存储在不同的数据存储中

D. 虚拟机可以转换为模板，而模板不可以转换为虚拟机

⑨ 传统 IT 系统基础架构经过多年的发展,以下哪个不是普遍面临的突出问题?(　　)

A. IT 资源部署周期长,难以快速满足业务需求

B. 机房空间、电力供应紧张

C. 硬件资源利用率低和资源紧张并存

D. 资源全局共享,系统整体可用性高

⑩ 我们常提到的"在 Window 上装 Linux 虚拟机"属于(　　)。

A. 存储虚拟化　　　　　　　　　　B. 内存虚拟化

C. 系统虚拟化　　　　　　　　　　D. 网络虚拟化

⑪ 如果虚拟机 A 能够 ping 通虚拟机 B,由此可推断出以下哪个结果?(　　)

A. 虚拟机 A 和虚拟机 B 使用了同一网段

B. 虚拟机 A 和虚拟机 B 都配置了正确的 IP 地址

C. 虚拟机 A 和虚拟机 B 使用了不同网段

D. 虚拟机 A 和虚拟机 B 运行在同一个物理主机上

⑫ 同一台物理主机上一个虚拟机的崩溃或故障不会影响其他虚拟机,这主要得益于虚拟化技术的(　　)特征。

A. 隔离　　　　　　B. 封装　　　　　　C. 硬件独立　　　　D. 分区

⑬ 以下说法不正确的是(　　)。

A. ESXi 主机本身也是一台 VMware WorkStation 虚拟机

B. 在虚拟机中,安装操作系统与在物理计算机中安装的过程基本相同

C. VMware vSphere 可以通过交互式进行安装

D. VMware vSphere 的核心组件只有 ESXi

⑭ 下面操作不可以在 VMware ESXi 系统定制界面完成的是(　　)。

A. IPv4 地址修改　　　　　　　　　B. DNS 配置的修改

C. DNS 后缀的设置　　　　　　　　D. 新建虚拟机

⑮ 以下关于 VMware Workstation 虚拟网络组网模式的说法中,不正确的是(　　)。

A. 桥接模式的主机上不提供对应的 VMware Workstation 虚拟网卡

B. NAT 模式支持虚拟机与外部网络之间的双向访问

C. 在默认配置中仅主机模式的虚拟机无法连接外部网络

D. 桥接模式支持物理网络中的其他计算机访问虚拟机

⑯ 以下关于 VMware ESXi 的说法中,不正确的是(　　)。

A. VMware ESXi 可直接在裸机上运行

B. VMware ESXi 用于创建并运行虚拟机和虚拟设备

C. VMware ESXi 是 vSphere 虚拟化架构的基础和核心

D. VMware ESXi 位于虚拟化层和管理层之间

二、多项选择题

❶ 下列哪个选项是虚拟化技术的优势?(　　)

A. 提高资源利用率　　　　　　　　　B. 减少能源消耗

C. 提高安全性　　　　　　　　　　　D. 提高系统性能

❷ 虚拟化适用于以下哪些场景？（　　　）

A. 某公司共有十个业务系统，承载这些业务的主机资源利用率不足 20%

B. 某科研机关使用定制化操作系统来保证科研成果的机密性

C. 某企业需要高负荷、密集型计算环境

D. 某单位员工日常使用办公桌面应用高度相似

❸ 虚拟机一般由虚拟机配置信息和磁盘文件组成，用户可以通过移动两个文件来实现虚拟机在不同的物理主机上运行。以上描述体现了云计算的哪些特点？（　　　）

A. 隔离　　　　　　B. 封装　　　　　　C. 独立　　　　　　D. 分区

❹ 以下描述中能体现虚拟化优势的是（　　　）。

A. 使用虚拟化后，一台物理主机上可以同时运行多个虚拟机

B. 使用虚拟化后，一台物理主机的 CPU 利用率可以稳定在 65% 左右

C. 使用虚拟化后，虚拟机可以在多台主机间进行迁移

D. 使用虚拟化后，一台物理主机的操作系统上可以同时运行多个应用程序

❺ 计算虚拟化可以分为裸金属型虚拟化和寄生虚拟化，裸金属型虚拟化的分层架构包括以下哪几层？（　　　）

A. Guest OS　　　　B. Host OS　　　　C. 硬件　　　　D. VMME. VM

❻ 虚拟机的网络连接模式可以有哪几种？（　　　）

A. Bridge 模式　　　　　　　　　　B. NAT 模式

C. Host-Only 模式　　　　　　　　　D. 仅虚拟机模式

三、判断题

❶ 硬件辅助的虚拟化必须 CPU 本身支持虚拟化。　　　　　　　　　　（　　　）

❷ KVM 和 Xen 是开源虚拟化技术，而 Hyper-V 和 ESXi 是商业虚拟化技术。（　　　）

❸ 只有 64 位操作系统才能够进行虚拟化。　　　　　　　　　　　　　（　　　）

❹ Intel CPU 虚拟化叫作 Intel VT-x，AMD CPU 虚拟化叫作 AMD-V。　（　　　）

❺ 虚拟化不一定要有操作系统环境，可直接在硬件上进行虚拟化。　　（　　　）

❻ VMware Workstation 虚拟机最多支持 1 个并口，可以是主机，也可以不是主机。

（　　　）

❼ 使用虚拟化技术可以将一台物理服务器虚拟成多台虚拟机，从而提升了物理服务器的硬件性能。　　　　　　　　　　　　　　　　　　　　　　　　　　（　　　）

❽ 在安装 VMware 虚拟机操作系统时，添加完镜像后，不需要开启此虚拟机。（　　　）

❾ ESXi 系统是基于 Windows 系统。　　　　　　　　　　　　　　　（　　　）

❿ 若不需要虚拟机连接外网，只需虚拟机与物理主机进行连接，则虚拟机的网卡应设置为仅主机模式。　　　　　　　　　　　　　　　　　　　　　　　　　（　　　）

四、填空题

❶ 常见虚拟化的形式有_____、存储虚拟化、网络虚拟化等。

❷ 在服务器虚拟化技术中，被虚拟出来的服务器称为_____；运行在虚拟机中的操作系统称为_____；管理虚拟机的软件称为_____。

❸ 服务器虚拟化架构包括_____架构和裸金属架构两种。在前者的架构中，Hypervisor 被看成一个应用软件或是服务，运行在已经安装好的操作系统上。

❹ 虚拟化层的核心是_____、虚拟机监视器或 VMM。

❺ vSphere 是 VMvare 的整个云计算方案产品，其中装有_____的机器我们称之为主机，类似于母鸡，用于管理各种虚拟机（鸡蛋），而_____用于管理各种主机，类似于鸡笼来管理主机。

❻ VMware 的虚拟化具有_____、分区、_____、_____和相对硬件独立等特点。

❼ 在 VMware Workstaion 中，虚拟机与主机网络相同，且相当于网络上的一台计算机时，需要选择_____虚拟网络类型。

五、问答题

❶ 什么是虚拟化？

❷ 寄生结构和裸金属结构有什么区别？请分析优缺点。

❸ ESXi 是什么？有什么作用？

❹ 通过 ESXi 新建的虚拟机和真实的操作系统有什么区别？

❺ VMware 的内存回收机制有哪几种？

❻ 请具体分析气球膨胀这种内存回收机制。

❼ 安装 ESXi 前配置 Workstation 和硬件有什么要求？

❽ 请分析 VMware 的 Bridged、NAT 和 Host-Only 三种上网方式的区别。

❾ 虚拟化的主要特征有哪些？

❿ 为什么需要虚拟内存？

六、实验题

❶ 开启 ESXi 的 SSH 功能，并通过 PUTTY 软件以 SSH 协议方式成功登录 ESXi 主机，修改 root 密码为 P@ssw0rd。

❷ 开启 ESXi 的 Shell 功能，并通过命令查看 ESXi 主机上的网络情况、所有虚拟机清单以及每个虚拟机的运行状态，将关键命令截图保存到操作步骤中并用文字进行说明。

情景3
探索共享存储

【知识目标】

- 了解常用的共享存储架构

- 掌握 iSCSI 的通信原理

- 理解虚拟磁盘的概念

- 掌握 Microsoft iSCSI 共享存储服务器安装的方法和步骤

- 掌握 ESXi 上发现 iSCSI 共享存储的方法和步骤

【技能目标】

- 能安装 Microsoft iSCSI 共享存储服务器

- 能正确配置 iSCSI 目标端和虚拟磁盘

- 能通过 Microsoft 发起端发现和使用共享磁盘

- 能在 ESXi 中发现 iSCSI 共享存储服务器

- 能在 ESXi 中使用 iSCSI 共享磁盘安装虚拟机

【素养目标】

- 传播中国优秀传统文化的价值理念,增强学生的文化自信

- 培养学生对革命先烈的敬仰之情和爱国热情

- 树立共享发展理念,学会与他人共享资源

- 培养学生有规矩、懂规矩、守规矩

情景导入

　　小李和小白从小到大,一直都很喜欢看讲述抗日战争历史的电影和电视剧,比如《亮剑》《潜伏》《小兵张嘎》《林海雪原》等,始终怀着对革命先烈的敬仰之情和爱国热情。大一时,他们买了笔记本电脑,硬盘大小都是 500 GB,有一个周末晚上,正当小李打算观看《八佰》这部电影时电脑突然提示硬盘空间不够影响系统运行速度。如果换一个更大一点的硬盘,原来的硬盘就得替换掉并需要重新把数据复制过来,这需要花不少钱,还浪费资源,小白也有这个问题。刚好隔壁老王说自己的硬盘非常大,有 5 TB,反正自己也不需要那么多空间,浪费了可惜,很想分享给小李和小白使用,有什么技术可以不把硬盘拆下来就提供给他们 500 GB 大小的硬盘空间以缓解急需呢? 这时候小李和小白就开始绞尽脑汁想点子,希望可以破解这个难题,终于有一天,小白找到了解决方案。

知道隔壁老王有5 TB的大硬盘之后,小白便投入技术学习中,他找到了一种叫作 iSCSI 的共享存储技术,这种技术对原有 SCSI 端口的传统硬盘进行 IP 封装,然后通过 TCP/IP 协议共享到其他地方供其他客户端使用。在具体方案中,隔壁老王的电脑作为 iSCSI 的服务器(iSCSI Target),小李和小白的电脑作为 iSCSI 的客户端(iSCSI 发起程序),在 iSCSI 服务器端设置好相应的磁盘大小和目标,iSCSI 客户端通过寻找 iSCSI 目标建立相互之间的共享存储网络,从而实现存储的使用。如图 3-1 所示为本次情景的总体实验拓扑图,为了顺利完成实验,对具体的磁盘大小进行了缩小,iSCSI 服务器是装了 Windows Server 2012 R2 的一台虚拟机,iSCSI 客户端 1 是安装了 Windows 7 的一台虚拟机,iSCSI 客户端 2 是物理主机。

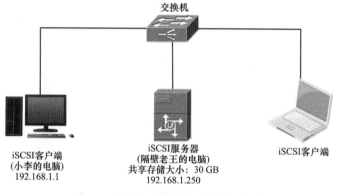

交换机

iSCSI客户端
(小李的电脑)
192.168.1.1

iSCSI服务器
(隔壁老王的电脑)
共享存储大小: 30 GB
192.168.1.250

iSCSI客户端

图 3-1　iSCSI 共享存储的实验拓扑图

任务 3.1　共聊 iSCSI

通过学习存储的基本知识,认识当前存储的一些基本架构,尤其是 NAS 和 SAN 这两种架构和它们各自的优缺点。了解 iSCSI 的基本概念和优势,能够将其与 SCSI 进行区别。通过 iSCSI 存储系统的实践操作,理解 iSCSI 的目标与发现,共享存储的工作模式,连接方式等。通过小组互动"iSCSI 保管局"教育游戏,理解 iSCSI 的分层模型和通信原理。

iSCSI 是一种协议标准,也是一个比较抽象的概念,特别容易与 SCSI 端口类型混淆。因此,在学习中首先需要了解当前的存储概念,尤其是对 SCSI 及其缺点的认识,为引入 iSCSI 做铺垫。iSCSI 的架构有多种,包括它的连接方式,我们应有一个大致了解。对于

iSCSI 工作原理的理解,我们可以采用 TCP/IP 的分层模型这种实例进行解释,最后可以通过一个 iSCSI 保管局的互动游戏来提高学生的学习积极性和对工作原理更生活化的理解。

相关知识

1. 存储的相关概念

SCSI:小型计算机系统端口(Small Computer System Interface)

FC:光纤通道(Fibre Channel)

DAS:直连式存储(Direct-Attached Storage)

NAS:网络接入存储(Network-Attached Storage)

SAN:存储区域网络(Storage Area Network)

2. 认识 SCSI 和 iSCSI

SCSI 是一种存储行业广泛应用的端口技术,比如硬盘常用的端口类型就是 IDE、SCSI 和 SATA。IDE 比较早,需要 CPU 参与;SCSI 独立运作,所以稳定性比较高;而 SATA 是一种串行的 IDE,速度快,安全性高。

那么 iSCSI 是什么呢？跟 SCSI 又有什么关系呢？我们先从它的名字入手,iSCSI (internet Small Computer System Interface)是一种在 Internet 协议上实现的 SCSI 端口技术,也就是说 SCSI 只能是直连访问,iSCSI 可以通过 TCP/IP 协议在互联网上使用。这大大增加了 SCSI 的使用范围,当然 iSCSI 技术是一种在以太网上进行数据块传输的标准,可以通过它在 IP 网络上构建 SAN 存储区域网,简单地说,iSCSI 就是在 IP 网络上运行 SCSI 协议的一种网络存储技术,三者之间的关系如图 3-2 所示。

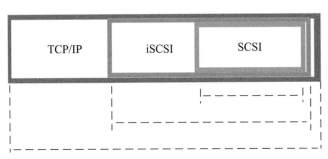

图 3-2　iSCSI 与 SCSI、TCP/IP 的关系

与传统的 SCSI 技术比较,iSCSI 技术有三个革命性的变化:

(1)原来只用于本机的 SCSI 通过 TCP/IP 网络传送,使连接距离可做无限地域延伸。

(2)连接的服务器数量无限(原来的 SCSI-3 的上限是 15)。

(3)由于是服务器架构,因此可以实现在线扩容以至动态部署。

3. iSCSI 架构

常见的 iSCSI 架构有控制器、连接桥和 PC 三种,具体如下:

微课

存储架构介绍

（1）控制器架构

控制器架构采用专用的数据传输芯片、专用的 RAID 数据校验芯片、专用的高性能 cache 缓存和专用的嵌入式系统平台，是一个核心全硬件的设备，其优缺点和适用环境如下。

优点：具有较高的安全性和稳定性。

缺点：核心处理器全部采用硬件，制造成本较高，因而售价也很高。

适用环境：可以用于对性能的稳定性和可用性具有较高要求的在线存储系统，例如中小型数据库系统、大型数据库备份系统、远程容灾系统等。

（2）连接桥架构

连接桥架构分为前端协议转换设备和后端存储设备，具体说明如下：

①前端协议转换设备一般是硬件设备，只有协议转换功能，没有 RAID 校验、快照和卷复制等功能。因此，创建 RAID 组、创建 LUN 等操作必须在后端存储设备上完成。

②后端存储设备一般采用 SCSI 磁盘阵列和 FC 存储设备。

随着 iSCSI 技术的日益成熟，连接桥架构的 iSCSI 设备越来越少。

（3）PC 架构

PC 架构就是在 PC 服务器上安装配置一款存储服务软件，将 PC 服务器变成 iSCSI 存储设备，使其能够对外提供数据存储服务。通俗地说，首先选择一个性能良好、可支持多块硬盘的 PC 服务器；然后选择一款成熟的存储端管理软件（iSCSI Target，这是微软 iSCSI 的存储服务器软件，也是本情景中共享存储技术的软件），并将软件安装在这台 PC 服务器上，这样就将一个普通的 PC 服务器变成一台 iSCSI 存储设备了；最后通过 PC 服务器的以太网卡对外提供 iSCSI 数据传输服务。

客户端主机可以安装 iSCSI 客户端软件（iSCSI Initiator），通过以太网连接 PC 服务器共享存储空间。

其架构如图 3-3 所示。

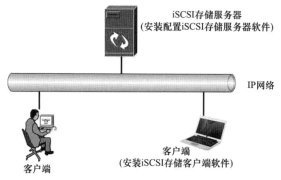

图 3-3　典型的 PC 架构

4. iSCSI 存储连接方式

（1）以太网卡＋Initiator 软件方式

服务器、工作站等主机使用标准的以太网卡，通过以太网线直接与以太网交换机连接，iSCSI 存储也通过以太网线连接到以太网交换机上，或直接连接到主机的以太网卡

上。在主机上安装 Initiator 软件,其优缺点和适用环境如下:

优点:在现有网络基础上即可完成,成本很低。

缺点:消耗客户端主机部分资源。

适用环境:低 I/O 和低带宽性能要求的应用环境。

(2)硬件 TOE 网卡＋Initiator 软件方式

具有 TOE(TCP Offload Engine)功能的智能以太网卡可以将网络数据流量的处理工作全部转到网卡的集成硬件中完成。客户端主机可以从繁忙的协议中解脱出来,其优缺点如下:

优点:采用 TOE 网卡后可以大幅度提高数据的传输速率,降低了客户端主机的资源消耗。

缺点:需要购买 TOE 网卡,成本较高。

(3)iSCSI HBA 适配卡连接方式

这种方式就是在客户端主机上安装专业的 iSCSI HBA 适配卡,从而实现主机与交换机、主机与存储的高效数据交换,其优缺点如下:

优点:数据传输性能是三种方式中最好的。

缺点:需要购买 iSCSI HBA 适配卡,成本较高。

TOE 网卡和 iSCSI HBA 适配卡的市场价格都比较高,如果主机较少的话,还可以接受,如果主机较多,成本消耗很大。

5. iSCSI 系统的组成

一个简单的 iSCSI 系统大致由以下四部分组成:iSCSI Initiator 或者 iSCSI HBA、iSCSI Target、以太网交换机和一台或者多台服务器。

其中 iSCSI Initiator 是安装在计算机上的一个软件或是硬件设备,是一种用于 iSCSI Target 认证并访问 Target 上共享的 LUN 的客户端,比如 Windows 7 台式机。我们可以在本地挂载的硬盘上部署任何操作系统,且只需要安装一个包来与目标器验证。

iSCSI Initiator 确切地说应该是主机上的适配器,有软件 Initiator 和硬件 Initiator 之分,软件 Initiator 相当于一个驱动程序,利用主机的网卡来传输 iSCSI 数据;而硬件 Initiator 就是一块专用的 HBA 适配卡,其优点是减轻了主机网卡和 CPU 的负载,缺点是贵。家庭或小企业用户通常都用软件 Initiator,它负责同 iSCSI 存储设备进行通信。iSCSI Initiator 软件一般都是免费的,CentOS 和 RHEL 都支持 iSCSI Initiator,现在的 Linux 发行版本都默认自带 iSCSI Initiator,Windows Server 2012 也开始自带了 iSCSI 服务器软件,非常方便。

iSCSI Target 指的是 iSCSI 盘的服务端,是提供空间的存储设备。

6. iSCSI 工作原理

(1)原理图

如图 3-4 所示,发送端和目标端都分成 3 层,从上到下分别是 SCSI、iSCSI 和 TCP/IP,协议层层包装,到了 TCP/IP 报文,就可以通过 IP 网络了。

微课

iSCSI工作原理

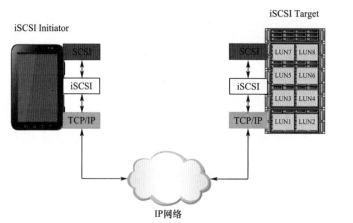

iSCSI工作原理动画

图 3-4　工作原理

（2）实现过程

首先我们要说说封装这个概念，其实中国古代就有很多这种思想，比如西汉时期的"皂囊重封"，皂囊是一种双层口袋，外层黑布面，内层白布。"皂囊重封"是指皇帝先对公文竹简进行玺封，放入黑色布袋后，由尚书令或是御史中丞再用自己的印在布袋外面加封。不光是皇帝下的诏令，汉代臣民给皇帝上书也有重封，这种封装的思想沿用至今。下面，我们来看看 iSCSI 的封装过程和通信过程是如何实现的。

iSCSI 协议定义了在 TCP/IP 网络发送、接收 block（数据块）级的存储数据的规则和方法：

发送端将 SCSI 命令和数据封装到 TCP/IP 报文中再通过网络转发，接收端收到 TCP/IP 报文后，将其还原为 SCSI 命令和数据并执行，完成后将返回的 SCSI 命令和数据再封装到 TCP/IP 报文中传送回发送端。

在用户看来，使用远端存储设备的整个过程就像访问本地 SCSI 设备一样简单。

任务实施

学习完以上知识后，我们将通过一款名为"iSCSI 保管局"的教学活动巩固知识，一起行动吧！

1.活动名称

iSCSI 保管局

2.活动理念

该活动理念来自 iSCSI 的工作原理，同时受到 OSI 七层模型的影响，联想到过去通过信封交流信息来类比理解各个层次，为了更好地帮助学生理解 iSCSI 的通信和相关协议，教师对工作原理进行了比喻，并通过保管局这种方式来介绍这种原理。

3.活动介绍

有一个神奇的组织叫 iSCSI 保管局,该保管局为全世界所有想安全存储的用户服务,而且用户不需要专门跑到该保管局,只要通过网络发送请求就可以将物品存储到该保管局,但是 iSCSI 保管局对于物品存储的规范很严格,物品存储需要按照 iSCSI 和 TCP/IP 协议来包装物品。什么是协议? 协议是事先制定好的一种规则、标准或约定,只有遵守这种协议才能相互通信。如果没有了这种协议或者有协议而不遵守,那么将会怎样? 由此可见,无规矩不成方圆。人类社会也是如此,一个公民应该遵守国家的法律、法规,一个学生应该遵守学生守则、日常行为规范,一个员工应该遵守企业的规章制度。只有人人有规矩、懂规矩、守规矩,我们的明天才会更美好!

教师的讲台充当 iSCSI 保管局,如图 3-5 所示,该保管局目前只有 5 个柜子(每个柜子都叫作 LUN)可以存储物品,教师为保管局负责人。具体的活动实施过程如下:

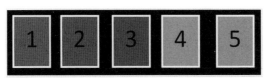

图 3-5　iSCSI 保管局

(1)教师出题

比如教师可以出一个 24 点的加减运算来考核小组,先算出来的小组优先到教师这边领取一张数据光盘(图 3-6)、一张 SCSI 保管指令(图 3-7)、iSCSI 专用信封(图 3-8)和 TCP/IP 专用信封(图 3-9)。

图 3-6　数据光盘

图 3-7　SCSI 保管指令

图 3-8　iSCSI 专用信封　　　　　　　　图 3-9　TCP/IP 专用信封

（2）小组组装信封

小组讨论并按照要求将自己的数据光盘存储通过各种方式组装成一个大的信封。

（3）检验信封

小组把信封送到保管局，教师打开信封，如果按照要求封装就把里面的物品存储到储藏柜里面，先到先得，直到存满为止，给予前五个小组积分奖励。

4. 加入活动

学生通过组成若干小组一起加入活动。

任务 3.2　安装 Microsoft iSCSI

任务描述

通过听小白的悉心讲解以及观看视频和参与游戏，小李对 iSCSI 的概念、存储架构和工作原理有了一定的认识和理解。针对上述实验实施方案，本任务将在 VMware Workstation 虚拟机中安装 iSCSI 共享存储服务器。

任务分析

小李分析实验方案，意识到配置 iSCSI 网络可以在 Windows 环境下完成。iSCSI 发起程序是默认安装在 Windows 桌面操作系统和 Windows 服务器操作系统中的，可以作为 iSCSI 客户端，那么只需要安装 iSCSI 共享存储服务器就可以了。安装 iSCSI 服务端分为三步，首先是创建虚拟机；然后在此虚拟机上安装 Windows Server 2012 R2 操作系统；最后安装 iSCSI Target 服务。

相关知识

1. iSCSI 安装

iSCSI 服务是基于客户端—服务器架构的，提供存储资源的 Target 一般部署在存储服务器上,作为 iSCSI 服务端。而使用远程存储资源的 Initiator 端一般部署在应用服务器上,作为 iSCSI 的客户端。

在 Linux 服务器和 Windows 服务器上都可以安装 iSCSI 服务。Linux 系统默认提供 Initiator 端的工具 iscsiadm,而 Target 端的工具需要安装,常见的工具有 targetcli 等。同样,Windows 系统默认提供 Initiator 端的工具,叫作"iSCSI 发起程序",Target 端的工具需要自行安装。值得注意的是,在 Windows Server 2012 操作系统及后续的版本中,已经集成了 iSCSI Target 工具,只需要在"文件和存储服务"角色下添加"iSCSI 目标服务器"功能即可使用,极大地提升了服务器的管理体验。而在此之前的版本,如 Windows Server 2008,则需要另行下载 iSCSI Target 软件包安装。

2. Microsoft iSCSI

Microsoft 于 2003 年 6 月为 Microsoft Windows 客户端和服务器环境发布了 Internet 小型计算机系统端口(iSCSI)支持软件。其中包括 Microsoft iSCSI Software Target 和 Microsoft iSCSI Software Initiator 软件包。

微课
Microsoft iSCSI

Microsoft iSCSI Software Target 软件包是 iSCSI 目标服务,是一个可选的 Windows 服务器组件,它在存储区域网络(SAN)中提供了集中式、基于软件和独立于硬件的 iSCSI 磁盘子系统。可以使用 Microsoft iSCSI 软件 Target 3.3 执行各种与存储相关的任务,包括以下任务:

(1)为 Hyper-V 提供共享存储,以支持高可用性和动态迁移。

(2)为多个应用服务器(即 Microsoft SQL Server 或 Hyper-V)合并存储。

(3)为驻留在 Windows 故障转移集群上的应用程序提供共享存储。

(4)允许无磁盘计算机使用 iSCSI 从单个操作系统镜像远程引导。

Microsoft iSCSI Software Target 3.3 是一种经济的解决方案,适用于开发或测试环境以及小型、中型或分支机构的生产环境。它通过实现 iSCSI(Internet 小型计算机系统端口)协议来实现 Windows 服务器上的存储整合和共享,该协议支持通过 TCP/IP 网络对存储设备进行 SCSI 块访问。

而 Microsoft iSCSI Software Initiator 软件包是 iSCSI 发起程序服务,包括 Microsoft iSCSI Initiator 服务和 Microsoft iSCSI Initiator 软件驱动程序。Microsoft iSCSI 发起程序允许使用以太网 NIC 将 Windows 主机连接到外部 iSCSI 存储阵列。此软件包安装在 Windows Server 2003、Windows XP 和 Windows 2000 上。对于 Vista 和 Windows Server 2012,iSCSI 启动程序包含在收件箱中。Microsoft iSCSI 发起程序使企业能够利用现有的网络基础设施来启用基于块的存储区域网络,而不必投资额外的硬件。

Microsoft iSCSI 和通用的 iSCSI 一样,原理是将 SCSI 命令通过 IP 网络传输,这样就可以使网络传送数据更加便利,而且可以实现远程存储管理。iSCSI 协议是推动存储区域网络(SAN)技术快速发展的关键技术之一,因为它使数据存储的传送更加快捷。由于 IP 网络的灵活性,iSCSI 可以在局域网(LAN)、广域网(WAN)或 Internet 上传输数据。

任务实施

1. 新建虚拟机

新建或者打开一台 Windows Server 2012 R2 服务器,如图 3-10 所示:

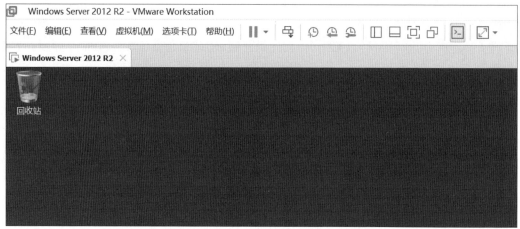

图 3-10　Windows Server 2012 R2 服务器

2. 安装 iSCSI Target 服务

打开服务器管理器,单击"添加角色和功能",如图 3-11 所示。

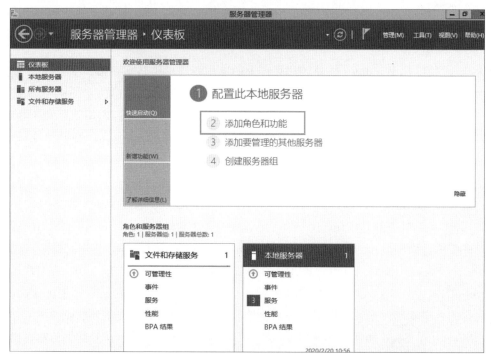

图 3-11　Windows 服务器仪表板

进入添加角色和功能安装引导页面,在"安装类型"页面选择"基于角色或基于功能的安装";在"服务器选择"页面选择本地服务器;在"服务器角色"页面中,依次展开"文件和存储服务"→"文件和 iSCSI 服务",勾选"iSCSI 目标服务器",并单击"下一步"按钮,如图 3-12 所示。

图 3-12　服务器角色页面

其他页面保持默认,单击"安装"按钮。iSCSI Target 服务器安装成功后,如图 3-13 所示。

图 3-13　iSCSI Target 服务器安装成功界面

安装完成后,在仪表板页面依次打开"服务器管理器"→"文件和存储服务"→"iSCSI",就可以看到提供的 iSCSI Target 端的配置页面,如图 3-14 所示。

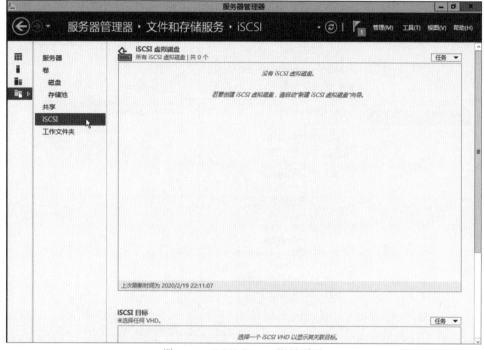

图 3-14　iSCSI Target 配置页面

任务 3.3　管理 Microsoft iSCSI

任务描述

通过观看视频,小李对 iSCSI 服务器目标端的配置有了一定的了解。针对上述的实验实施方案,本任务将在安装好的 iSCSI 共享存储服务器上新建虚拟磁盘并正确配置 iSCSI 目标端,通过 iSCSI 发现程序连接 iSCSI 目标,实现共享存储的使用。

任务分析

仅仅安装了 iSCSI 服务器是不行的,为了能够给客户提供共享存储,需要进行正确的配置,比如如何把自身的一部分存储共享出来,这就需要先新建一个合理大小的虚拟磁盘,然后还需要设立一个靶或者说旗子,这样用户才能发现你。这里 iSCSI 被称为目标,将虚拟磁盘与目标进行绑定,在标识目标时,可以采用多种方式,如 IP、IQN、域名,等等,这里都需要去动手探索。服务器完成配置后,通过客户端的 iSCSI 发起程序寻找到该 iSCSI 目标,之后的事情就相对简单了,如进行磁盘建卷,然后就可以像本地磁盘那样使用了。

相关知识

1. 虚拟磁盘

虚拟磁盘，就是看得到的，但实际不存在的磁盘。因此，把文件、网络文件、内存等通过技术手段"伪装"成磁盘，让用户感觉像一个真实磁盘的"磁盘"就被称为虚拟磁盘。客户端可以通过局域网连接服务器上的 iSCSI Cake 服务器（一种用于加大网吧客户机硬盘容量的网吧共享硬盘服务技术），在本地虚拟出一块硬盘，以达到通过网络共享服务器硬盘的效果。网吧业主只需要在服务器上的 iSCSI Cake 里添加目录和安装游戏软件，客户端的本地虚拟硬盘里就有了相应的游戏软件，不需要到每台机器进行安装。如某网吧未安装某游戏，可以在服务器上搜索该游戏名称，然后下载，下载好后整个网吧都有这个游戏了。

2. Microsoft 虚拟磁盘

微软的虚拟磁盘是通过一种叫作 VHD(Microsoft Virtual Hard Disk)格式的虚拟磁盘文件来实现的。这种 VHD 文件格式是一种虚拟机硬盘(Virtual Machine Hard Disk)格式，可以被压缩成单个文件存放在宿主机器的文件系统上，主要包括虚拟机启动所需的系统文件。VHD 格式还可用于 Windows Server 2012 R2 和 Windows 7，包括 Hypervisor 为基础的虚拟化技术——Hyper-V。Hyper-V 可以离线操作 VHD，使得管理员可以通过一个 VHD 文件，安全进入系统，对虚拟文件(VHD)进行访问或执行一些离线的管理任务。除此之外，VHD 格式还应用在 Windows Server 版本中进行完整的系统备份。

3. 连接认证

为了保障数据在共享传输过程中的安全性，往往在双方建立链路连接时会进行认证。说起认证，中国古代就有很多这种思想，比如秦朝的封泥，官员上奏前将公文先写在竹简上盖印，用绳子捆好竹简，再在这个绳子打结处糊上泥团，然后放到火上烧烤，让泥变干硬后，送去章台，最后由侍卫呈送给秦始皇亲自查验。如果看见封泥完好无损和印章为真，就代表奏本没有被人私自偷看或者伪造，认证通过。

在 iSCSI 共享存储技术中采用了一种叫 CHAP 的认证技术，CHAP 的全称为挑战握手认证协议 (Challenge Handshake Authentication Protocol)，它是在网络物理连接后进行连接安全性验证的协议。它比另一种协议密码验证程序(PAP)更加可靠。该认证协议通过三次握手周期性校验对端点的身份，在初始链路建立时完成，可以在链路建立之后的任何时候重复进行。认证过程主要包括以下几步：

(1)链路建立阶段结束之后，认证方主动向对端点发送"challenge"消息(此认证序列号 id＋认证方主机名＋随机数)

(2)对端点去到自己的数据库查到认证方主机名对应的密码，用查到的密码结合认证方发来的认证序列号 id 和随机数，经过单向哈希函数 MD5 计算出来的值做应答。

(3)根据被认证方发来的认证用户名，主认证方在本地数据库中查找被认证方对应的密码，结合 id 找到先前保存的随机数和 id，根据 MD5 算法算出一个哈希值，与被认证方得到的 Hash 值做比较，如果一致，则认证通过，如果不一致，则认证不通过。

(4)经过一定的随机间隔，认证方发送一个新的 challenge 给对端点，重复步骤(1)到(3)。

ESXi 支持适配器级别的 CHAP 身份验证。在这种情况下,所有目标从 iSCSI 启动器接收相同的 CHAP 名称和密钥。对于软件和从属硬件 iSCSI 适配器,ESXi 还支持基于每个目标的 CHAP 身份验证,此身份验证能够为每个目标配置不同的凭据以实现更高级别的安全性。在 CHAP 配置过程中需要注意以下几个方面:

(1)选择 CHAP 身份验证方法

ESXi 支持为所有类型的 iSCSI 启动器设置单向 CHAP,以及为软件和从属硬件 iSCSI 适配器设置双向 CHAP。

(2)设置 iSCSI 适配器的 CHAP

在 iSCSI 适配器级别设置 CHAP 名称和密钥时,所有目标都从适配器接收相同的参数。在默认情况下,所有发现地址或静态目标都继承在适配器级别设置的 CHAP 参数。

(3)设置目标的 CHAP

如果使用软件和从属硬件 iSCSI 适配器,可为每个发现地址或静态目标配置不同的 CHAP 参数。

(4)禁用 CHAP

如果存储系统不需要 CHAP,可以将其禁用。

任务实施

1.创建 iSCSI 目标

完成任务 3.2 中安装 Microsoft iSCSI 目标程序后,就可以在开始菜单中找到 Microsoft iSCSI Software Target,单击后打开如图 3-15 所示的"iSCSITarget"窗口。

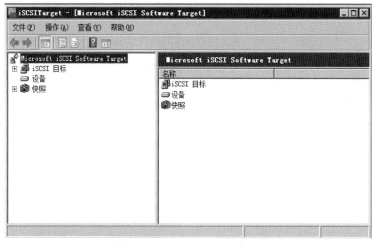

图 3-15 "iSCSITarget"窗口

这个窗口很简单,包括"iSCSI 目标"、"设备"和"快照"三部分,其中最容易搞错的是 iSCSI 目标。这个我们在前面的理论部分已经讲解过,它相当于服务器的一面旗子,这样客户才能找到这面旗子(目标)。

现在,我们开始新建一个 iSCSI 目标,在左侧窗格中选择"iSCSI 目标",然后右击,在快捷菜单中选择"创建 iSCSI 目标",如图 3-16 所示。

图 3-16   创建 iSCSI 目标

打开如图 3-17 所示的"iSCSI 目标标识"对话框。

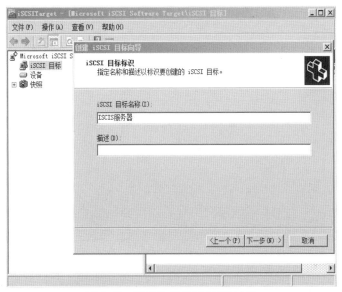

图 3-17   "iSCSI 目标标识"对话框

输入"iSCSI 目标名称","描述"为可选项,这里不设置,单击"下一步"按钮,打开"iSCSI 发起程序标识符"对话框,如图 3-18 所示。

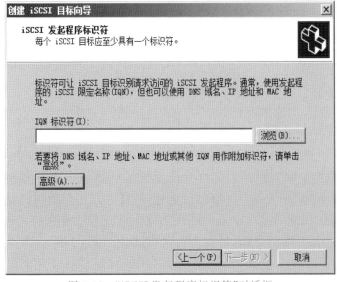

图 3-18   "iSCSI 发起程序标识符"对话框

标识符的作用是让客户端(也就是 iSCSI 发起程序)能够识别,也就是说前一步配置的名称并不是用于识别的,而是一个简称,这个标识符才是用于身份验证的。标识符的创建依据有很多,可以是 DNS 域名、IP 地址、MAC 地址或者其他 IQN,这里我们单击"高级"按钮,打开如图 3-19 所示的"高级标识符"对话框。

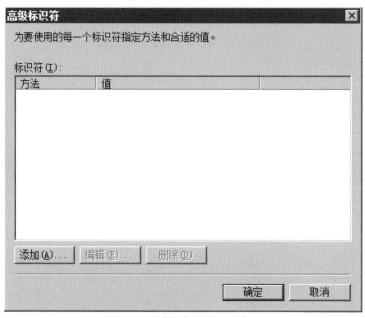

图 3-19   "高级标识符"对话框

单击"添加"按钮,打开如图 3-20 所示的"添加/编辑标识符"对话框。

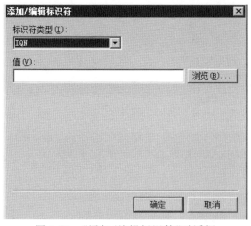

图 3-20   "添加/编辑标识符"对话框

单击"标识符类型"下拉按钮,可以看到如图 3-21 所示的 4 种标识符类型,分别是"IQN"、"DNS 域名"、"IP 地址"和"MAC 地址"。后三者我们都听说过也能理解,但对 IQN 比较陌生,它的全称是 iSCSI Qualified Name,即 iSCSI 合格的名称,用于标识单个 iSCSI 目标和启动器的唯一名称,类似我们使用的身份证。IQN 是有规范的,它的格式为:iqn. 年份-月份. com｜cn｜net｜org. 域名:自定义标识,如:iqn. 2018 - 05. com. test: desktop,其中的字母均应为小写,即使输入时包含大写字母,命令执行后,系统会自动将其转换成小写字母。

图 3-21　标识符类型

这里我们选择将"IP 地址"作为标识符类型,如图 3-22 所示,一定要注意选择的是客户端的 IP 地址,如果这个 IP 设置出错,就会导致客户端无法连接到该 iSCSI 目标服务器。

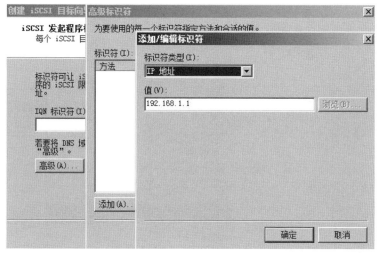

图 3-22　选择"IP 地址"的标识符类型

单击"确定"按钮就完成了 iSCSI 目标向导的创建,如图 3-23 所示。

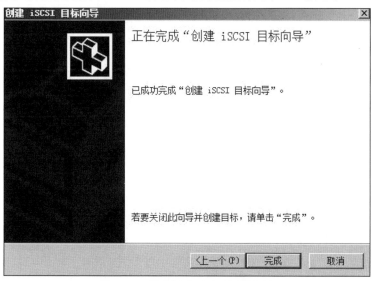

图 3-23　完成创建 iSCSI 目标向导

完成后,我们在左侧窗格的"iSCSI 目标"下可以看到该目标服务器的信息,如图 3-24所示。

图 3-24　新增的 iSCSI 目标

下面，我们来查看该目标的属性信息。选择"iSCSI 服务器"，右击，在快捷菜单中选择"属性"，如图 3-25 所示。

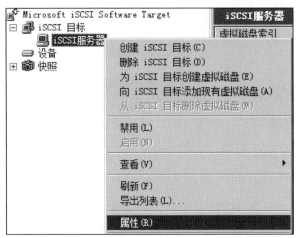

图 3-25　选择"属性"

打开如图 3-26 所示的"iSCSI 服务器 属性"对话框。

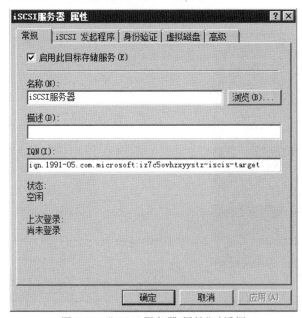

图 3-26　"iSCSI 服务器 属性"对话框

在这里我们可以看到该 iSCSI 目标的 IQN 也出现了，它是一个我们未曾分配的序列号，是根据我们选择的 IP 地址这种标识符类型生成的名称。如果要自己定义 IQN，就需要选择如图 3-21 所示的 IQN 这个选项了。除此之外，"iSCSI 服务器 属性"对话框中还包括"iSCSI 发起程序"选项卡，单击该选项卡，打开如图 3-27 所示的对话框。

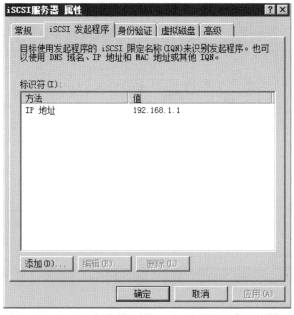

图 3-27　"iSCSI 服务器 属性－iSCSI 发起程序"对话框

从图中我们可以看到当前只配置了一个 IP 能够访问该目标，如果要多个发起程序，可以通过"添加"按钮继续添加，这里不再详细介绍。

在对话框中单击"身份验证"选项卡，在打开的"iSCSI 服务器 属性－身份验证"对话框中可以设置发起程序的身份验证限制，如图 3-28 所示，我们对所有发起程序设置了"启用 CHAP"这种认证协议访问目标资源的策略。

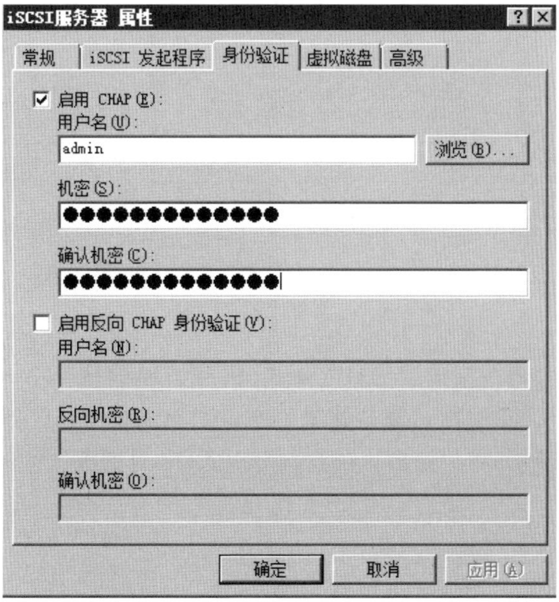

图 3-28　iSCSI 目标设置身份验证策略

2. 创建虚拟磁盘

iSCSI 的目标已经有了,但是共享的磁盘在哪里? 我们最终的目的是把磁盘共享出去,因此我们需要创建虚拟磁盘并把这个磁盘关联到上述创建的目标中。在"iSCSITarget"窗口左侧窗格中右击"设备",在弹出的快捷菜单中选择"创建虚拟磁盘",如图 3-29 所示。打开如图 3-30 所示的"创建虚拟磁盘向导—文件"对话框。

图 3-29 创建虚拟磁盘

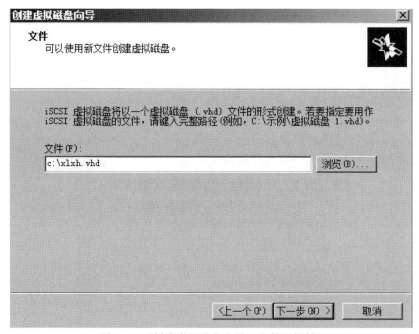

图 3-30 "创建虚拟磁盘向导—文件"对话框

微软的 iSCSI 虚拟磁盘采用了 VHD 格式,因此需要创建一个存放该文件格式的磁盘文件,如图 3-30 所示,我们在 C 盘新建了一个虚拟磁盘名为"xlxh.vhd",单击"下一步"按钮,打开如图 3-31 所示的"创建虚拟磁盘向导—大小"对话框。

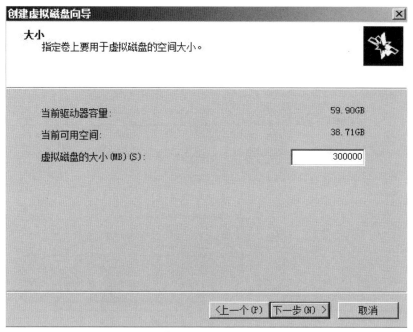

图 3-31 "创建虚拟磁盘向导—大小"对话框

可以设置不超过当前可用空间大小的数值分配给虚拟磁盘,注意单位是 MB,设置好后单击"下一步"按钮,打开"创建虚拟磁盘向导—描述"对话框,如图 3-32 所示。

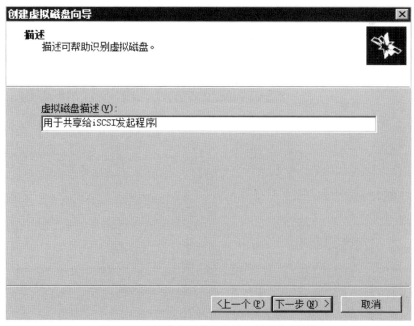

图 3-32 "创建虚拟磁盘向导—描述"对话框

给虚拟磁盘设置容易理解的描述,单击"下一步"按钮,打开如图 3-33 所示的"创建虚拟磁盘向导—访问"对话框,该对话框为虚拟磁盘与 iSCSI 目标关联的主入口,可以单击"添加"按钮,增加与 iSCSI 的关联。

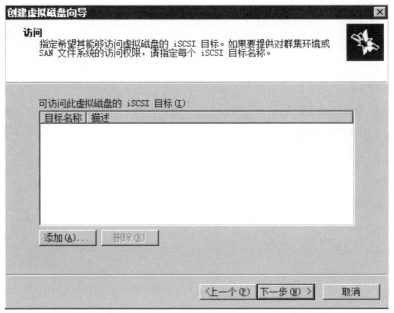

图 3-33 "创建虚拟磁盘向导—访问"对话框

单击"添加"按钮,打开如图 3-34 所示的"添加目标"对话框,因为我们只创建了一个 iSCSI 目标,所以只显示了一个目标,选择"iSCSI 服务器"这个目标,然后单击"下一步"按钮。

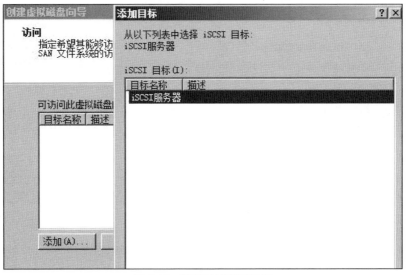

图 3-34 "添加目标"对话框

3.打开 Windows 7 虚拟机

4.启动 iSCSI 发起程序

打开"控制面板"→"所有控制面板项"→"管理工具",如图 3-35 所示,单击"iSCSI 发起程序",打开如图 3-36 所示的"iSCSI 发起程序 属性"对话框(也可以在"开始"菜单中搜索 iSCSI 发起程序,单击后进入该对话框)。

图 3-35　连接 iSCSI 服务器

图 3-36　"iSCSI 发起程序 属性"对话框

5. 查看磁盘管理

右击"计算机管理",选择"磁盘管理",打开如图 3-37 所示的"初始化磁盘"对话框,会发现多出 10 GB 的磁盘空间。这不是我们自己的磁盘,而是通过 iSCSI 共享存储技术从服务器上得到的联机磁盘空间。

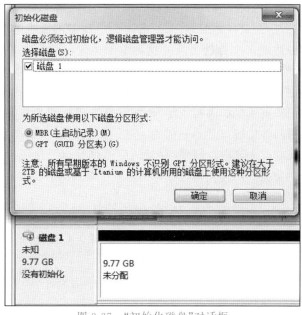

图 3-37　"初始化磁盘"对话框

任务 3.4 应用 iSCSI 共享存储

任务描述

通过前面 iSCSI 共享存储实验方案的实施，小李、小白和隔壁老王都对共享存储产生了浓厚的兴趣。他们通过观看本任务视频，将通过实验实现 iSCSI 存储技术在 ESXi 上的应用。本任务实现将 ESXi 的虚拟机建立在 iSCSI 共享存储服务器上。

任务分析

既然 iSCSI 可以用于共享存储，那么作为能够生产虚拟机的 ESXi 主机来讲，最好的方式是生成的虚拟机的存储是独立的，这样也便于管理和优化整个系统，跟上述原理一样，只不过在 ESXi 主机上需要去寻找一个向 iSCSI 目标发起的位置。其实在 ESXi 上有一个存储适配器，可以通过静态配置和动态发现去连接 iSCSI 共享存储服务器，之后的事情就变得简单多了。

相关知识

1. 存储适配器与存储器

提到适配器大家不知道在生活中有没有听说过。有人可能提到，我知道有一种适配器叫电源适配器。对，这个就是适配器，当然在生活中我们可能叫电源的更多，但是从专业角度来讲它是一种适配器。为什么需要这种电源适配器呢？它是一种电源的转化系统，如果没有电源适配器的话，一旦电压不稳，我们的计算机、笔记本电脑、电视机等就会被烧掉。所以说，电源适配器对我们的电器而言是一个很好的保护装置，同时也提高了电器的安全性能。我们知道手机产品有很多，比如苹果的 iPhone 8 和华为的 P30，它们的充电线一样吗？它们用的手机端口是不一样的，但是为了统一性，都把它们转换成 USB 端口，然后通过 USB 充电口去充电。同理，存储适配器也有这个作用，它是一种存储端口，能够实现最终的存储功能。而存储器是存储适配器一端接的存储设备或者资源。

2. 配置 iSCSI 适配器和存储器

必须先设置 iSCSI 适配器和存储器，ESXi 才能与 SAN 配合使用。为此，必须首先遵循某些基本要求，然后按照安装和设置硬件或软件 iSCSI 适配器的最佳做法来访问 SAN。

表 3-1 列出了 ESXi 支持的 iSCSI 适配器（vmhbas），并指示是否需要 VMkernel 网络配置。

表 3-1　　　　　　　　　　　　ESXi 支持的 iSCSI 适配器

iSCSI 适配器（vmhbas）	描述	VMkernel 网络连接
软件	使用标准网卡将主机连接到 IP 网络上的远程 iSCSI 目标	必需
独立硬件	从主机卸载 iSCSI 以及网络处理和管理的第三方适配器	不需要
从属硬件	依赖 VMware 网络以及 iSCSI 配置和管理界面的第三方适配器	必需

3. 存储类型 LUN

LUN 的全称是逻辑单元号（Logical Unit Number）。我们知道 SCSI 总线上可挂载的设备数量是有限的，原先对挂载的设备采用一种叫作 Target ID 或者叫作 SCSI ID 的符号来表示，但是如何在这种数量受限的条件下扩充可连接的设备呢？这种问题有很多，比如 IP 地址，还有我们生活中也有类似的例子，比如原先寄东西只需要写上自己家是哪栋楼就行，现在随着城市化进程有很多高楼大厦，一栋楼里面有很多住户，再写地址的时候就需要写上几栋（几单元）几室，也就是现在的地址描述方式更加丰富了，包含的地址更详细了。同样道理，这个 LUN 就是在原先 Target 下做的扩展，比如原先 SCSI 只能挂载 Target0～Torget4 总共 5 个设备，现在在每个 Target 下面又可以挂载很多个 LUN 设备，显然 SCSI 挂载的设备数量大大增加。然而 LUN ID 并不是真正的设备，它只是一个号码，不代表任何实体，LUN 的神秘之处在于它在很多时候不是可见的实体，而是一些虚拟的对象。比如，一个磁盘阵列柜，主机那边将其看作一个 Target 设备，但为了某种需求需将磁盘阵列柜中的磁盘空间划分成若干个小单元给主机使用，所以就会有逻辑驱动器的说法，也就是比 Target 设备级别更低的逻辑对象，我们习惯于把这些更小的磁盘资源称为 LUN0、LUN1，等等。

4. iSCSI 目标服务器的发现方式

通过 iSCSI 发现程序去发现目标服务器的方式分为动态和静态两种，这个有点类似 IP 地址的获取方式，既可以动态地通过 DHCP 获得，也可以通过手动配置来连接网络。使用动态发现时，启动器每次与指定的 iSCSI 存储系统联系时，都会向该系统发送 SendTargets 请求。iSCSI 系统通过向启动器提供一个可用目标的列表来做出响应。除动态发现方法外，还可以使用静态发现并手动输入目标信息。具体区别见表 3-2。

表 3-2　　　　　　　　　　　　动态发现与静态发现的区别

发现方法	描述
动态发现	(1)依次单击"动态发现"和"添加" (2)输入存储系统的 IP 地址或 DNS 名称，然后单击"确定"按钮 (3)重新扫描 iSCSI 适配器 (4)与 iSCSI 系统建立 SendTargets 会话后，主机会以新发现的所有目标填充"静态发现"列表
静态发现	(1)依次单击"静态发现"和"添加" (2)输入目标信息，然后单击"确定" (3)重新扫描 iSCSI 适配器

任务实施

1. 安装 vSphere Client

从官方网站下载 vSphere Client 软件，具体操作如下：

打开 VMware 的官方下载网址，如图 3-38 所示。

图 3-38　VMware 下载首页

在下载页面上找到 VMware vSphere 产品列表，然后单击"下载试用版"，如图 3-39 所示。

图 3-39　VMware vSphere 所在位置

打开如图 3-40 所示页面。

图 3-40　VMware vSphere 下载主页面

单击"许可证和下载"标签,弹出如图 3-41 所示页面。

图 3-41　VMware vSphere 许可证和下载页面

从 VMware 公司下载软件,需要创建账户,所以先自行注册一个账户,这里对注册过程不做介绍,注册完成后再操作,就可以下载 vSphere 的试用产品了,有效时间是 60 天。下载后选择一个带有 Client 名字的软件进行安装,安装时选择语言对话框如图 3-42 所示。

图 3-42　VMware vSphere Client 安装时选择语言对话框

单击"确定"按钮,打开如图 3-43 所示对话框。

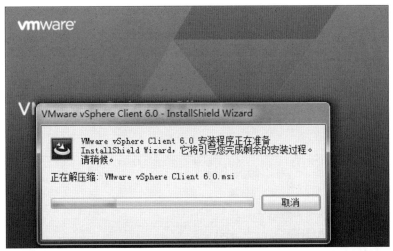

图 3-43　VMware vSphere Client 安装准备过程对话框

稍后就会打开安装向导,如图 3-44 所示。

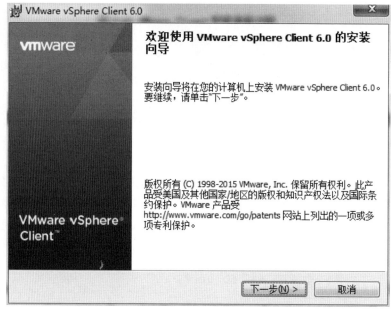

图 3-44　VMware vSphere Client 安装向导对话框

单击"下一步"按钮,按照默认方式就能顺利完成安装,这里不再具体展开。安装完成后会在"开始"菜单中出现"VMware vSphere Client",如图 3-45 所示,说明客户端已经安装成功。

图 3-45　VMware vSphere Client 安装成功后的显示

2. 连接 ESXi 服务器

vSphere Client 安装完成后打开该软件,如图 3-46 所示,IP 地址连接 ESXi 服务器192.168.1.101,用户名和密码是 ESXi 服务器的用户名和密码,如果连接成功则会进入如图 3-47 所示的界面。

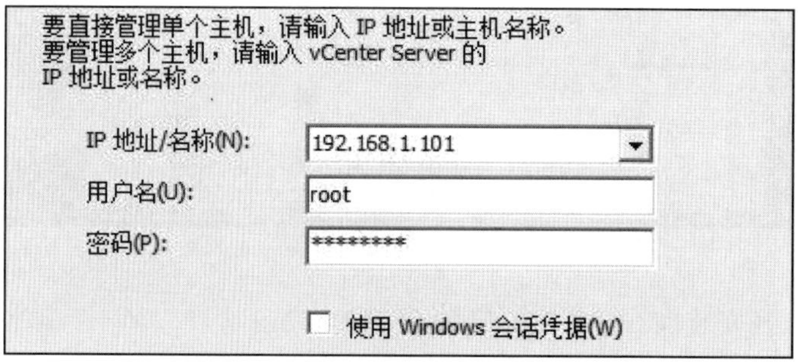

图 3-46　连接 ESXi

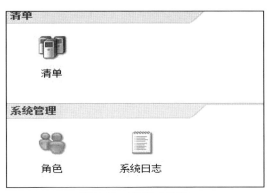

图 3-47　ESXi 主页面

单击清单进入 ESXi 主机的配置界面。

3. 添加存储适配器

在 ESXi 主机的配置界面中选择 192.168.1.101 这台 ESXi,然后单击"配置"→"存储适配器",在右下侧区域中右击,在弹出的快捷菜单中选择"添加软件 iSCSI 适配器",操作过程如图 3-48 所示。

图 3-48　添加软件 iSCSI 适配器

4. 发现 iSCSI 服务器

在打开的"iSCSI 启动器(vmhba33)属性"配置窗口中,可以通过"动态发现"和"静态发现"两种方法去访问共享存储服务器。如图 3-49 所示,我们通过"动态发现"方法添加 iSCSI 服务器的地址和端口号,端口号根据 iSCSI 的配置确定,这里采用默认的端口号 3260。

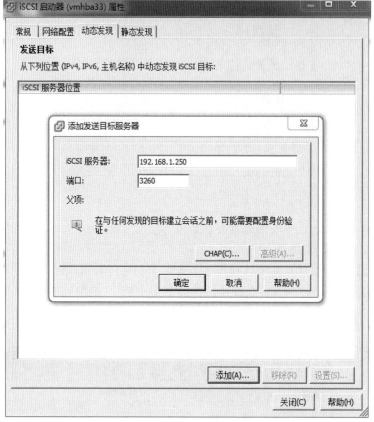

图 3-49　连接 iSCSI 服务器

如果 IP 地址和端口正确，并且 iSCSI 服务器的配置正确，那么就会在底部出现一个 iSCSI 的共享磁盘适配器 MSFTiSCSIDisk，如图 3-50 所示。

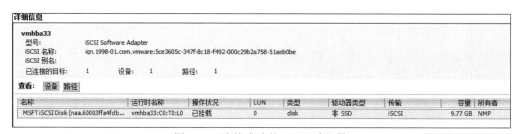

图 3-50　连接成功的 iSCSI 适配器

但是很多时候你会发现我的电脑怎么没有出现那个 iSCSI 的适配器呢？其实是你忘记了 iSCSI 服务器中的配置，那个地方需要配置允许某个 iSCSI 客户端来访问的权限，如图 3-51 所示，我们添加这台 ESXi 客户端（192.168.1.101）到 iSCSI 发起程序列表中。

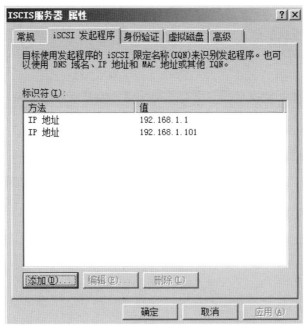

图 3-51　添加 ESXi 客户端到 iSCSI 发起程序列表中

5. 添加 iSCSI 存储器

如果能够顺利完成第 4 步，那么就可以添加存储器了，单击左侧存储器并添加，选择刚刚添加的存储适配器 MSFTiSCSIDisk，如图 3-52 所示。

图 3-52　选择 iSCSI 存储适配器

然后选择存储器类型，我们采用默认的"磁盘/LUN"方式，单击"下一步"按钮，输入数据存储名称，如图 3-53 所示，然后单击"创建"按钮完成设置。

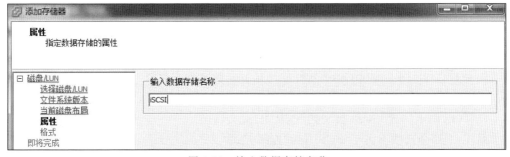

图 3-53　输入数据存储名称

6. 在 iSCSI 共享存储服务器中安装虚拟机

这个时候已经成功创建了一个名为 iSCSI 的共享存储服务器,之后在 ESXi 主机中创建虚拟机时就可以将虚拟机的存储位置选择在 iSCSI 中了,而无须放在原有的本地 datastore1 了,如图 3-54 所示。

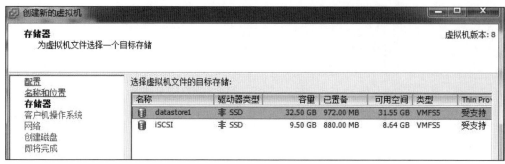

图 3-54　设置虚拟机选择 iSCSI 共享存储服务器

习题练习

一、单项选择题

❶ 存储网络的类别不包括(　　　)。

A. DAS　　　　　　　　B. NAS　　　　　　　　C. SAN　　　　　　　　D. Ethernet

❷ iSCSI 架构不包括以下哪一种?(　　　)

A. 控制器　　　　　　　B. 桥接器　　　　　　　C. PC 架构　　　　　　D. 网络架构

❸ DAS 代表的意思是(　　　)。

A. 两个异步的存储　　　　　　　　　B. 数据归档软件

C. 连接一个可选的存储　　　　　　　D. 直连存储

❹ iSCSI 目标的标识符包括以下哪几种?(　　　)

A. IQN　　　　　　　　B. IP 地址　　　　　　C. DNS 域名　　　　　D. MAC 地址

❺ 下列有关 IQN 的描述正确的是(　　　)。

A. 全称是 I quit network　　　　　　　B. 表示该 iSCSI 目标的唯一地址

C. 表示该 iSCSI 目标的其中一个地址　　D. 是 iSCSI 的名字,可以不用改名字

❻ iSCSI 协议包的封装顺序是(　　　)。

A. iSCSI>SCSI>TCP>IP>Link　　　　　B. Link>SCSI>iSCSI>TCP>IP

C. SCSI>iSCSI>TCP>IP>Link　　　　　D. iSCSI>SCSI>IP>TCP>Link

❼ 以下对于 iSCSI 的三种连接方式描述正确的是?(　　　)

A. 以太网卡＋Initiator 软件的连接方式完全不占用主机资源

B. 硬件 TOE 网卡＋Initiator 软件的连接方式能减少主机资源压力

C. iSCSI HBA 适配卡连接方式完成了 TCP/IP 协议转换,完全不占用主机资源

D. TOE 网卡完成 iSCSI 报文到 TCP/IP 报文转换

❽ 以下哪个选项不属于 iSCSI 存储连接方式?(　　　)

A. FC HBA 适配卡　　　　　　　　　　B. 以太网卡＋Initiator 软件

C. 硬件 TOE 网卡＋Initiator 软件　　　　D. iSCSI HBA 适配卡

⑨ 以下选项是对 iSCSI 和 SCSI 的描述,其中错误的是(　　)。

A. iSCSI 基于 TCP/IP 协议运行在以太网上,可以与现有的以太网无缝结合

B. SCSI 即小型计算机接口(Small Computer System Interface),指的是一个庞大协议体系,到目前为止经历了 SCSI-1、SCSI-2、SCSI-3 变迁

C. iSCSI 的基本出发点是利用成熟的 IP 网络技术来实现和延伸 SAN

D. SCSI 可以连接无限多个服务器

⑩ 以 vhd 为后缀的文件是(　　)。

A. 磁盘文件　　　　　　　　　　　　B. 内存文件

C. 快照文件　　　　　　　　　　　　D. 磁盘锁文件

⑪ iSCSI 协议是在 IP 协议的上层运行的 SCSI 指令集,对于一个封装了 iSCSI 协议的 TCP 报文,不包含下面哪个部分?(　　)

A. TCP Header　　　　　　　　　　　B. IP Header

C. iSCSI Header　　　　　　　　　　D. SCSI Data

⑫ iSCSI 协议采用什么认证方法?(　　)

A. 明文口令　　　　　　　　　　　　B. PAP

C. CHAP　　　　　　　　　　　　　　D. MS-CHAP

二、多项选择题

❶ iSCSI 继承了哪两大传统技术?(　　)

A. SCSI 协议　　　　　　　　　　　　B. IP SAN 协议

C. TCP/IP 协议　　　　　　　　　　　D. FC 协议

❷ 以下描述是 SCSI 技术和 iSCSI 技术区别的是(　　)。

A. 连接距离可延伸　　　　　　　　　B. 可连接的服务器数量增加

C. 可在线扩容　　　　　　　　　　　D. 可动态部署

❸ 一个简单的 iSCSI 系统大致由(　　)部分组成。

A. iSCSI Initiator　　　　　　　　　B. iSCSI Target

C. 以太网交换机　　　　　　　　　　D. 一台或者多台服务器

E. iSCSI HBA

❹ 常见的虚拟磁盘格式有(　　)。

A. vmdk　　　　　　　　　　　　　　B. vhd(Virtual Hard Disk)

C. raw(裸格式)　　　　　　　　　　　D. qcow2(QEMU Copy-On-Writev2)

❺ 关于 iSCSI 协议说法正确的是(　　)。

A. 是一种在 TCP/IP 上进行数据块传输的标准

B. 是一种在 HTTP 上进行数据块传输的标准

C. 为用户提供高速、低价、长距离的存储解决方案

D. 使 I/O 数据块可通过网络传输

三、填空题

❶ iSCSI 是建立在＿＿＿＿＿协议和 SCSI 指令集基础上的标准化协议,广泛应用于许

多采用_____架构的存储网络中。

❷ 把文件、网络文件、内存等通过技术手段"伪装"成磁盘,让用户感觉像一个真实磁盘的"磁盘"就被称为_____。

❸ iSCSI 是_____协议,将 SCSI 的指令通过 TCP/IP 传送到远方,进行存储设备的访问和读写。

❹ CHAP 协议是 iSCSI 共享存储技术中采用的一种身份认证协议,这种协议采用_____握手方式周期性地验证通信对方的身份,当认证服务器发出一个挑战报文时,终端就计算该报文的_____并把结果返回服务器。

❺ iSCSI 服务器的默认侦听端口为_____。

❻ LUN 的全称是_____,其主要作用是给相连的服务器分配逻辑单元号(LUN)。LUN 不等于某个设备,只是一个号码而已,不代表任何实体属性。

❼ iSCSI 系统通过向启动器提供一个可用目标的列表来做出响应。除了_____发现方法外,还可以使用静态发现并手动输入目标信息。

四、判断题

❶ DAS 代表直连存储。 ( )

❷ iSCSI 属于 DAS 架构。 ( )

❸ 微软的 iSCSI 发现程序是 iSCSI 的服务器端。 ( )

❹ 微软的 iSCSI 目标程序是 iSCSI 的服务器端。 ( )

❺ 虚拟机可以存储到 iSCSI 共享的磁盘上。 ( )

❻ iSCSI 协议可以通过光纤网络进行传输,传输距离几乎没有限制,iSCSI 协议受限于 SCSI 协议,可以用在以太网上。 ( )

❼ iSCSI 是通过 TCP 协议对 SCSI 进行封装的一种协议,也就是通过以太网传输 SCSI 协议的内容。 ( )

❽ iSCSI 是把 SCSI 命令和数据描述块封装成了 iSCSI 协议。 ( )

❾ IP SAN 网络主要以以太网为承载介质构建存储网络,且采用 iSCSI 协议进行传输。 ( )

❿ iSCSI 是简单地把 SCSI 命令包装在 TCP 中。 ( )

⓫ 挑战握手认证协议的简称为 CHAP。 ( )

⓬ ESXi 支持适配器级别的 CHAP 身份验证。 ( )

五、问答题

❶ DAS、NAS 和 SAN 的架构分别是什么?它们三者有什么区别?

❷ SCSI 和 iSCSI 的区别是什么?

❸ 什么是共享存储?

❹ iSCSI 的工作原理是什么?

❺ 叙述软件 iSCSI 和硬件 iSCSI 的概念和区别。

❻ 请分析 DAS、NAS 和 SAN 三种存储方式。

❼ 请简述 CHAP 的认证过程。

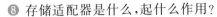

⑧ 存储适配器是什么,起什么作用?

⑨ 动态发现与静态发现的区别是什么?

六、实验题

某高校一名学生为了体验分布式存储,学习了很长时间并在小组的共同努力下终于在机房完成了 Openfiler 的共享存储实验(该实验作为课后扩展实验,自行完成)。以下为她的实验记录。

1.底层网络通信部署

VMware 网卡连接方式采用了桥接方式,实体机 IP 地址为 192.168.1.1,虚拟机内部拟采用静态 IP 地址 192.168.1.2,规划和配置好相关 IP 地址。

2.Openfiler 安装部署

(1)从官网下载 2.99 版本的 iso 镜像并挂载到 VMware 虚拟机中,按照图形化提示进行语言选择、分区(大小为 10 GB)、网卡配置和时区选择等设置。

······

问题:如图 3-55 所示为网卡配置界面,请问在图中应该如何操作?　　　①　　　

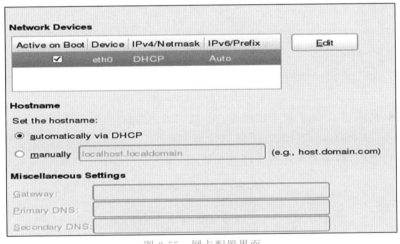

图 3-55　网卡配置界面

(2)设置管理员 root 密码并重启系统(略)。

(3)共享磁盘编辑,关机并扩大磁盘,作为共享磁盘,如图 3-56 所示。

图 3-56　磁盘配置界面

问题：创建虚拟磁盘时可以选择厚置备延迟置零、厚置备置零、精简置备三种方式，请问图 3-56 选择了_____②_____。

3. Openfiler 基本配置

（1）Web 登录，已知 Opefiler 默认提供的 web 服务端口为 446，打开网址_____③_____，输入用户名 openfiler，密码 password，就成功登录系统了。

（2）在系统首页面右侧有一个卷管理板块，如图 3-57 所示。

问题：Block Devices 是指块设备，请问什么是块设备？_____④_____。

参考配置手册先创建物理卷，如图 3-58 所示为创建成功后的界面。

图 3-57　卷管理板块

Edit partitions in /dev/sda (13054 cylinders with "msdos" label)

Device	Type	Number	Start cyl	End cyl	Blocks	Size	Type	Delete
/dev/sda1	Unknown Partition Type (0x0)	1	1	38	305203	298.05 MB	Primary	-
/dev/sda2	Unknown Partition Type (0x0)	2	39	1082	8385930	8.00 GB	Primary	-
/dev/sda3	Linux Swap (0x82)	3	1083	1213	1052257	1.00 GB	Primary	-
/dev/sda4	Linux Physical Volume (0x8e)	4	2306	12446	81451939	77.68 GB	Primary	Delete

图 3-58　物理卷创建成功后的界面

问题：只是创建了 sda4 这个物理卷，sda1、sda2 和 sda3 是哪里来的？_____⑤_____
还有 sda 与 sda1、sda2、sda3、sda4 是什么关系？_____⑥_____。

（3）创建卷组，将刚才新建的物理卷加进来，如图 3-59、图 3-60 所示。

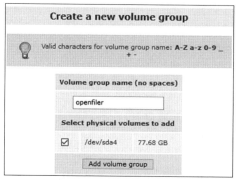

图 3-59　创建卷组 1

Volume Group Management

Volume Group Name	Size	Allocated	Free	Members	Add physical storage	Delete VG
openfiler	77.66 GB	0 bytes	77.66 GB	View member PVs	All PVs are used	Delete

图 3-60　创建卷组 2

（4）将卷加入组中，注意在选择卷类型时要选择 iSCSI，如图 3-61 所示。

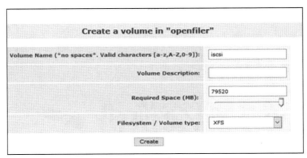

图 3-61　创建卷组 3

第 3 步和第 4 步都是将卷加入组中,会不会搞错?请回答并说出理由。＿＿＿⑦＿＿＿

4. iSCSI 配置

(1)打开 iSCSI 服务。(略)

(2)建立 iSCSI 目标,如图 3-62 所示为新建的 iSCSI 目标。

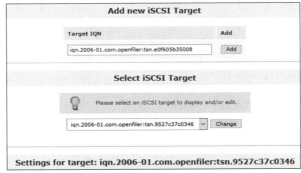

图 3-62　建立 iSCSI 目标

问题:iSCSI 客户端通过尾号为 5008 还是 0346 的一串符号作为目标发现?

＿＿＿⑧＿＿＿。

(3)将 iSCSI 映射到 iSCSI 目标,选择 iSCSI Targets 配置页面中的"LUN Mapping"选项卡,将 iSCSI 卷映射到刚建立的 Target,单击页面中的"Map"按钮,完成 iSCSI 卷到 Target 的映射,如图 3-63 所示。

图 3-63　将 iSCSI 映射到 iSCSI 目标

问题:这里的 LUN 是指什么?＿＿＿⑨＿＿＿。设置完就可以共享该存储给分散在各地的用户了。

5. 访问控制管理(略)

情景4
配置虚拟交换机

学习目标 ▼

【知识目标】

- 掌握交换机的概念和作用

- 了解真实交换机的级联结构以及上行下行

- 理解物理网络和虚拟网络的相似性和区别

- 理解虚拟交换机的概念和工作原理

- 理解标准虚拟交换机和分布式虚拟交换机的概念和区别

【技能目标】

- 能够新建和合理配置标准虚拟交换机

- 能够新建和合理配置分布式虚拟交换机

- 能够配置标准虚拟交换机实现虚拟机之间及虚拟机与外部物理网络互通

- 能够配置分布式虚拟交换机实现虚拟机之间及虚拟机与外部物理网络互通

【素养目标】

- 培养学生树立责任意识和国家安全意识

- 逐步形成团队协作与沟通交流的能力以及认真严谨、精益求精的职业素养

情景导入

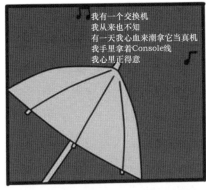

"我有一个交换机

我从来也不知

有一天我心血来潮拿它当真机

我手里拿着 Console 线

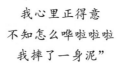

我心里正得意

不知怎么哗啦啦啦

我摔了一身泥"

小勺下雨天甜蜜蜜地哼着改编的儿歌,不小心真的哗啦啦摔了一跤,一位网络专业的学生小波看到后马上跑过去帮忙扶起,并关心道:"你没事吧?"小勺起来后连忙说谢谢,小波挠挠头害羞地说:"没事,对了,刚才你哼的歌真好听,让我回想起了童年。"小勺笑着说:"这是《小毛驴》歌曲,我只是改了下歌词,把它改成交换机啦!""那你真的有交换机?"小波好奇地问,小勺痛并快乐地把自己的经历告诉了小波,从此小波爱上了交换机这门技术,并和小勺成为了好朋友。

情景设计

小李的 ESXi 主机上相关的虚拟机已经创建好了,但是这些虚拟机还无法互相通信,也无法与外部物理网络通信。

为了尽快实现虚拟机的网络通信需求,小王帮小李规划了一个整体虚拟化网络搭建拓扑方案,如图 4-1 所示。下方的 ESXi 主机上运行了 VM1、VM2、VM3 三个虚拟主机,且物理网络环境中还有 2 台直接装了服务器操作系统的物理服务器 1、物理服务器 2。

VM1、VM2、VM3 三个虚拟主机通过将自身的虚拟网卡连接到 ESXi 主机上的虚拟交换机 vSwitch 上实现互通,然后 vSwitch 通过与 ESXi 主机上的物理网卡又与物理交换机建立互联,从而实现 VM1、VM2、VM3 与物理服务器 1、物理服务器 2 互通。

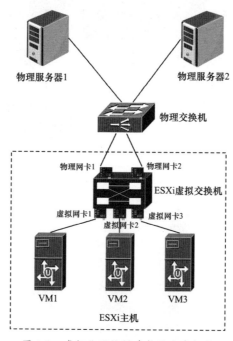

图 4-1　虚拟化网络搭建整体方案拓扑

任务 4.1　对比真虚交换机

任务描述

通过认识物理交换机、物理组网拓扑模型，了解物理网络与虚拟网络、虚拟交换机的基本概念、特点及作用，掌握不同类型的虚拟交换机的区别与用途。

任务分析

虚拟交换机是一个比较抽象的概念，因此，在学习过程中最好先学习物理网络环境下的物理交换机的相关概念，然后将虚拟交换机的相关概念与物理交换机的相关概念对应关联起来，以便更好地理解虚拟交换机的相关知识。

相关知识

微课

真虚交换机动画

1. 虚拟交换机概念

首先，什么是网络？网络能够把各个点、面、体的信息联系到一起，从而实现这些资源的共享。资源共享能有效提高资源利用率、提高流通率、加速社会发展。同学们应树立共享发展理念，学会与他人共享资源。只有资源共享，优势互补，才能达成共赢。

从结构上讲，物理网络就是用物理链路与物理网络设备将各个物理主机互联在一起使其能够互相收发数据。而虚拟网络则是运行于单台物理机之上的虚拟机之间为了互相发送和接收数据而相互逻辑连接所形成的网络。

物理交换机是用于组成物理网络转发数据的一种物理网络设备，最常见的交换机是以太网交换机，同样的，虚拟交换机是一种在虚拟网络中转发数据的虚拟网络设备。

根据上述的物理交换机与虚拟交换机相关知识的类比，即可方便快速地学习掌握相关虚拟交换机知识。

2. ESXi 网络基础

在物理服务器与网络环境中，不同的服务器和 PC 主机通常都是通过交换机、路由器互相连接通信的，如图 4-2 所示。物理交换机上会有多个物理端口，物理服务器将各自的网卡连接到物理交换机的下行链路端口上即可实现互联。（从拓扑的层级视角看，物理交换机向下层级连接的各设备的链路端口应称为该交换机的下行链路端口，向上层级连接各设备的端口应称为该交换机的上行链路端口）

微课

虚拟交换机
网络基础

与此类似，在 vSphere 服务器虚拟环境中也有一个逻辑上的虚拟交换机叫作 vSwitch。

在开始正式学习虚拟交换机的相关知识前,我们首先需要了解虚拟交换机的几个基本概念:

(1)虚拟交换机

模拟物理交换机,用于实现虚拟机之间的网络互通以及虚拟机与外部物理网络之间的服务器主机互通,其具备与物理交换机一样的互联主机网络用途及上下行链路端口、VLAN 等概念。

虚拟机的虚拟网卡可连接到虚拟交换机的 VM Network 下行虚拟端口,虚拟交换机的上行链路端口可连接到 ESXi 主机的物理网卡,实现从虚拟机到外部物理网络的流量互通,如图 4-3 所示。

图 4-2 交换机通信拓扑

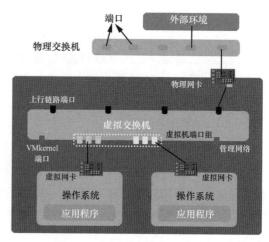

图 4-3 ESXi 虚拟化的网络结构

(2)端口组

每个虚拟交换机与物理交换机一样,包含一定数量的端口,相同特性端口的集合就是端口组;从虚拟交换机端口逻辑上可分 3 种类型:

①VM Network 端口:就是图 4-3 中的虚拟机端口组中的端口,相当于物理交换机的下行链路端口,用于连接虚拟机的虚拟网卡端口。

②VMkernel 端口:用于管理登录 ESXi 主机、ESXi 宿主机挂载 IP 存储或虚拟机 vMotion 迁移。

③上行链路端口:用于连接 ESXi 主机物理网卡然后联通物理网络,ESXi 主机上的物理网卡在 ESXi 主机里表示为:vmnic(n),所以你会经常看到 vmnic0、vmnic1 等名字。

2.标准虚拟交换机

标准交换机(Standard Switch)就是上述提到的模拟物理交换机中最基本的虚拟交换机类型,其典型特点就是各 ESXi 主机本地有效,为了与真实交换机进行区别,我们称其为标准虚拟交换机,简称标准交换机。

其架构如图 4-4 所示。

微课

标准虚拟
交换机架构

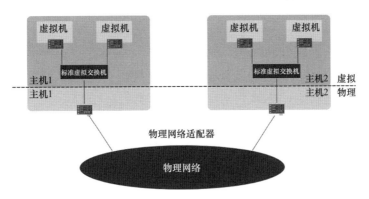

图 4-4 标准虚拟交换机架构

3. 分布式虚拟交换机

(1) 概念

分布式交换机(Distributed Switch)相比标准交换机而言,是跨所有 ESXi 主机的交换机,这使得我们只需创建一个交换机就可以配置所有 ESXi 主机的网络。为了与真实交换机进行区别,我们称其为分布式虚拟交换机,简称为分布式交换机。

微课

分布式虚拟
交换机架构

试想下,如果有 100 台 ESXi 主机,每台主机都要单独创建 1 个供虚拟机访问外部物理网络的标准虚拟交换机,工作量会非常大,但如果创建分布式虚拟交换机,则可以只创建 1 个分布式虚拟交换机,然后将其与所有 ESXi 主机关联即可实现所有 ESXi 主机上的虚拟机访问外部物理网络的需求。

其架构如图 4-5 所示。

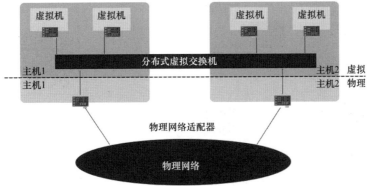

图 4-5 分布式虚拟交换机架构

(2) 分布式虚拟交换机的优势

分布式虚拟交换机的优势是显而易见的:

①简化管理,不需要手工同步 ESXi 主机的交换网络配置;

②在 ESXi 主机之间迁移虚拟机时,网络配置自动跟随虚拟机变动;

③为第三方提供端口,可以更好地与物理交换机或网管软件互动。

任务实施

学习完以上知识后,我们将通过参与一款名为"智拼交换机"的教育活动来进一步理解和掌握虚拟网络的相关知识,特别是网络拓扑图等,一起行动吧!

1. 活动名称

智拼交换机。

2. 活动介绍

该活动的理念来自拼图,拼图可以让大脑对图像有一个整体的认识,同时通过各个小图块的拼装形成更细更深入的认识,可以帮助记住网络拓扑图,对每个设备或者连线有清晰的理解。

3. 活动规则介绍

(1)主界面如图 4-6 所示。

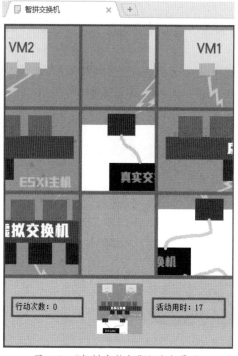

图 4-6 "智拼交换机"活动主界面

微课

"智拼交换机"教育活动

（2）智力拼图如图 4-7 所示。

每次只能移动一个图块,而且只能从空出来的地方移动。

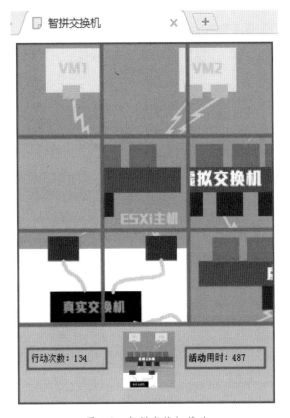

图 4-7　智拼交换机移动

（3）原图缩略如图 4-8 所示。

为了更好地学习真虚交换机的架构,将原图的缩略图放在界面上,虽然有点模糊,但不影响用户对其有整体把握。

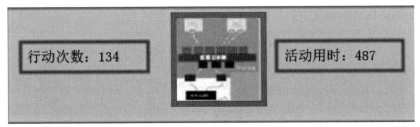

图 4-8　原图缩略

（4）行动统计如图 4-9 所示。

统计用户移动的步数，用越少的步数完成活动反映用户对真虚交换机的整体理解越深入。

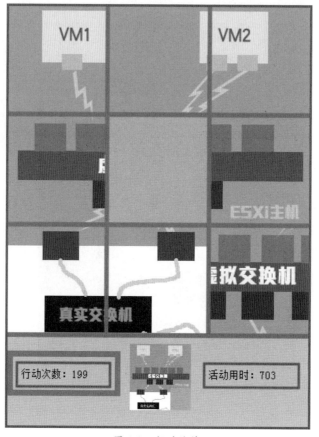

图 4-9　行动统计

（5）用时统计如图 4-10 所示。

统计用户拼图消耗的时间，以秒作为计时单位，用越少的时间完成活动反映用户对真虚交换机的整体理解越深入。

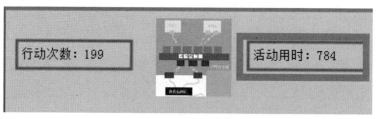

图 4-10　时间统计

（6）活动结束如图 4-11 所示。

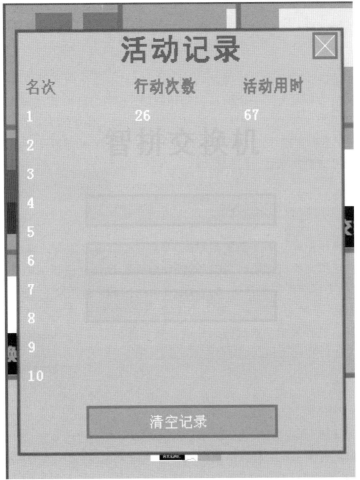

图 4-11　活动结束

4.加入活动

学生通过组成若干小组一起加入活动。

任务 4.2 配置标准虚拟交换机

任务描述

通过小勺的悉心讲解和参与拼图游戏,小波已经对虚拟化网络中的标准虚拟交换机、分布式虚拟交换机等技术有了一定的认识和理解,接下来他可以通过实践配置标准虚拟交换机进一步巩固相关知识。本次任务就是在如图 4-4 所示的标准虚拟交换机的拓扑结构中为每台 ESXi 主机新建和配置标准虚拟交换机,深入理解虚拟交换机中的一些术语和整个虚拟交换机的拓扑结构。

任务分析

标准虚拟交换机跟真实的交换机很相似,因此只要理解了原有的真实交换机的原理,就会很容易适应虚拟交换机。同时,我们需要理解标准虚拟交换机的拓扑结构和配置方法。首先,新建一个标准虚拟交换机;然后,配置交换机的上行链路和下行链路,也就是一方面选择外部的物理网络适配器,另一方面设置好内部的连接类型,如虚拟机或者VMkernel 端口组,这样整个交换机的拓扑就自然而然地形成了,而且也保障了外部网络和内部计算机之间的相互通信。

相关知识

1. vCenter 数据中心与集群

典型的 VMware vSphere 数据中心由基本物理构建块(例如 x86 虚拟化服务器、存储网络和阵列、IP 网络、管理服务器和管理客户端)组成。vSphere 数据中心包括表 4-1 中的组件。

表 4-1 vSphere 数据中心的组件

序号	组件名称	组件描述
1	计算服务器	在裸机上运行 ESXi 的业界标准 x86 虚拟化服务器。ESXi 软件为虚拟机提供资源,并运行虚拟机。每台计算服务器在虚拟环境中均称为独立主机。可以将许多配置相似的 x86 服务器组合在一起,并与相同的网络和存储子系统连接,以便提供虚拟环境中的资源集合(称为群集)

（续表）

序号	组件名称	组件描述
2	存储网络和阵列	光纤通道 SAN 阵列、iSCSI SAN 阵列和 NAS 阵列是广泛应用的存储技术，VMware vSphere 支持这些技术以满足不同数据中心的存储需求。存储阵列通过存储区域网络连接到服务器组并在服务器组之间共享。此安排可实现存储资源的聚合，并在将这些资源置备给虚拟机时使资源存储更具灵活性
3	IP 网络	每台计算服务器都可以有多个物理网络适配器，为整个 VMware vSphere 数据中心提供高带宽和可靠的网络连接
4	管理服务器（vCenter Server）	vCenter Server 为数据中心提供一个单一控制点。它提供基本的数据中心服务，如访问控制、性能监控和配置功能。它将各台计算服务器中的资源统一在一起，使这些资源在整个数据中心中的虚拟机之间共享。其原理是：根据系统管理员设置的策略，管理虚拟机到计算服务器的分配，以及资源到给定计算服务器内虚拟机的分配
5	管理客户端（VMware vSphere）	VMware vSphere 为数据中心管理和虚拟机访问提供多种界面。这些界面包括 VMware vSphere Client（vSphere Client）、vSphere Web Client（通过 Web 浏览器访问）或 vSphere 命令行界面（vSphere CLI）

2. 网络适配器

网络适配器就是我们通常说的网卡，它跟前面提到的存储适配器的道理是一样的，也是一种转换端口，用于连接计算机内部与外部网络，当然没有任何两块被生产出来的网卡拥有同样的地址。在 vSphere 平台中，存在着真实的物理网络适配器和虚拟网络适配器两种，其中物理网络适配器就是真实的网卡，而虚拟网络适配器是指虚拟机自身的网卡。

3. VLAN

VLAN 全称为虚拟局域网（Virtual LAN）。VLAN 可以是由少数几台家用计算机构成的网络，也可以是由数以百计的计算机构成的企业网络。VLAN 中所指的 LAN 特指使用路由器分割的网络——也就是广播域。

简单地说，同一个 VLAN 中的用户间通信就和在一个局域网内一样，同一个 VLAN 中的广播只有 VLAN 中的成员才能听到，而不会传输到其他的 VLAN 中去，从而控制不必要的广播风暴的产生。同时，若没有路由器，不同 VLAN 之间不能相互通信，从而提高了不同工作组之间的信息安全性。网络管理员可以通过配置 VLAN 之间的路由器来全面管理网络内部不同工作组之间的信息互访。

任务实施

学习完上述知识后，我们就开始行动吧。每台 ESXi 主机在创建后都会默认存在一台标准虚拟交换机，为了演示，我们将新建一台标准虚拟交换机。

1.新建标准虚拟交换机

首先通过 vSphere Client 访问 vCenter 服务器(本实验的 IP 地址为 192.168.1.100),如图 4-12 所示为 vCenter 的登录窗口。

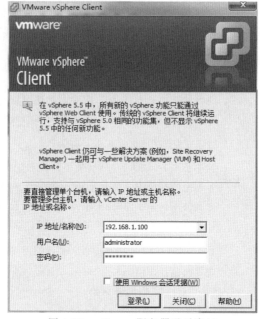

图 4-12　vCenter 服务器登录窗口

输入 vCenter 的 IP 地址、用户名和密码后,单击登录后进入如图 4-13 所示的 vCenter 服务器主窗口。有关图 4-13 中左侧数据中心的构建和 ESXi 主机的添加请参考情景 4 的任务 4-2 部分进行部署,本情景只关注虚拟交换机部分内容。

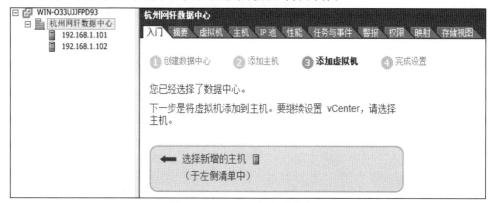

图 4-13　vCenter 服务器主窗口

2.选择需要添加虚拟交换机的 ESXi 主机

单击其中一台 ESXi 主机,如 192.168.1.101,进入该 ESXi 主机的主界面,然后单击配置中的网络,如图 4-14 所示,可以看到当前已经存在一个名为 vSwitch0 的标准交换机,并可以看到这个交换机的拓扑结构,右边是物理适配器,也就是通过 vmnic0 物理网卡连接外部网络,这是上行链路。而左侧是各种下行链路的端口和端口组,在 ESXi 主机上创建的虚拟机的网卡就是接入交换机的左侧这部分。

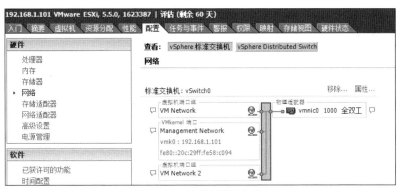

图 4-14　选择 ESXi 主机

3.选择连接类型

为了演示,我们不删除原有的标准交换机 vSwitch0,而是添加一个标准交换机(在 ESXi 主机上需要有两张物理网卡,vmnic0 用于标准 vSwitch0 的物理网络适配器,而另外一张网卡 vmnic1 则用于新的标准交换机的物理网络适配器)。单击"添加网络",进入新建标准交换机向导,如图 4-15 所示,会弹出两种连接类型选择:虚拟机和 VMkernel,这里采用默认方式。

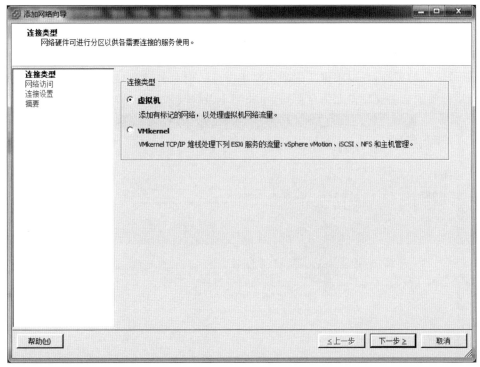

图 4-15　选择交换机连接类型

4.选择虚拟交换机使用的网卡

单击"下一步"按钮,会弹出虚拟机的网络访问方式,选择全新的 vmnic1 网卡,因为 vmnic0 已经用在默认存在的 vSwitch0 交换机上了,这时可以看到该虚拟交换机的拓扑预览,如图 4-16 所示。

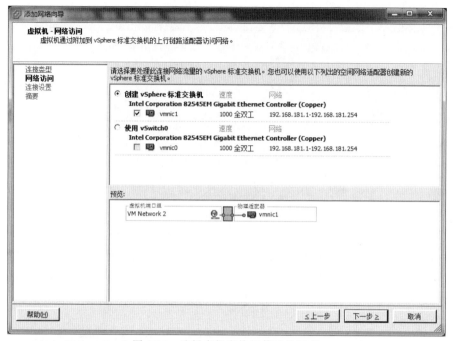

图 4-16　选择虚拟交换机使用的网卡

5.设置网络标签

单击"下一步"按钮,设置网络标签,对默认的网络标签"VM Network 2"进行修改,也就是端口组的名称,可以根据实际项目需求进行区别命名,特别是当端口组有很多的时候,网络标签的命名就显得尤为重要,这里我们不做修改,如图 4-17 所示。

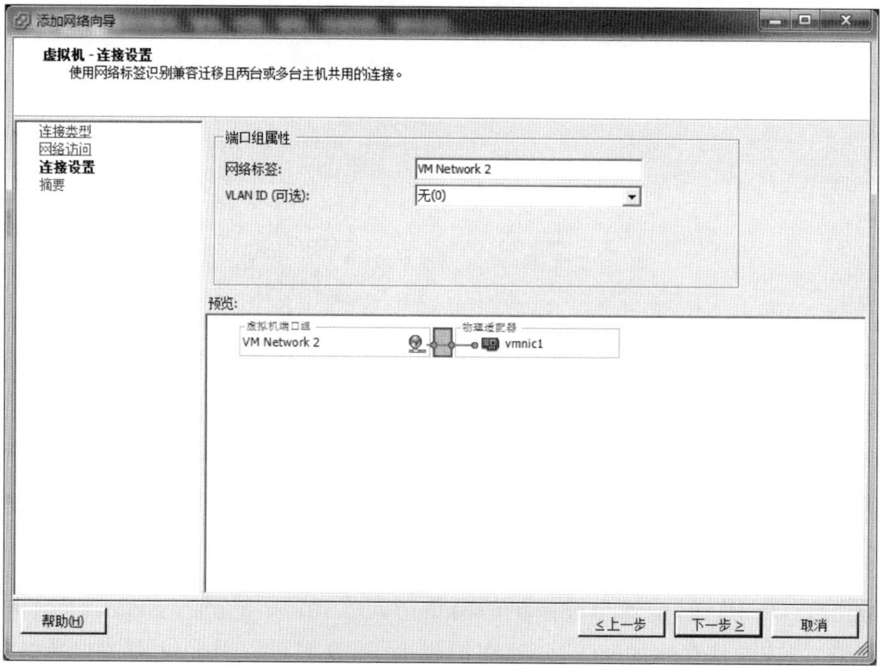

图 4-17　设置网络标签

单击"下一步"按钮,完成虚拟交换机的创建,就可以在网络部分看到在原有的
vSwitch0 交换机下出现了一个全新的 vSwitch1,这个就是新的标准虚拟交换机,如
图 4-18 所示。标准虚拟交换机只适用于 ESXi 主机内部通信,即所有挂在标准虚拟交换
机下面的虚拟机无法与其他 ESXi 主机进行通信。

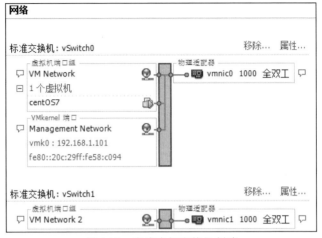

图 4-18　完成虚拟交换机创建

任务 4.3　配置分布式虚拟交换机

任务描述

通过对标准虚拟交换机的实践配置,小波已对标准虚拟交换机的相关知识有了更深
入的了解,接下来通过实践配置分布式虚拟交换机进一步巩固分布式虚拟交换机的相关
知识。具体任务包括在预先搭建的 vCenter 服务器中新建 1 台分布式交换机,然后将其
中的 2 台 ESXi 主机(IP 地址分别是 192.168.1.101 和 192.168.1.102)接入该交换机。

任务分析

分布式虚拟交换机跟之前的标准交换机有所不同。首先我们需要理解什么是分布
式? 其实这种思想我国古代就有了,《孙子兵法·兵势篇》记载:"凡治众如治寡,分数是
也;斗众如斗寡,形名是也",这句话的意思是治理庞大的军队如同治理少量的军队的方
法,采用编制将士兵组织起来,如一军分三师、一师分三旅、一旅分三团,直至一排分三班;
让庞大军队像小队人马一样步调一致、听从指挥的方法。军队依靠合理的组织结构和明
确高效的信号指挥系统,这样就有章法、不会紊乱。当前我党鲜明提出了在新时代的强军
目标——建设一支听党指挥、能打胜仗、作风优良的人民军队,这种方法依然很重要。分
布式它是将一个大任务分成许多小任务,然后把这些小任务一一分配给任务执行者,从而
完成这个大任务。

分布式交换机和标准交换机这两者的拓扑结构,如图 4-4 和图 4-5 所示。

从拓扑结构分析可知,标准交换机存在于单个 ESXi 主机中,而分布式交换机跨越多台 ESXi 主机。在任务实施时不可能针对单个 ESXi 主机添加分布式交换机,而需要在临界于之上的数据中心层面添加分布式交换机。同时,建议用户能够通过 vSphere Web Client 方式配置分布式交换机。在具体操作过程中,主要包括新建交换机和添加主机到交换机两个步骤,前者跟标准交换机类似,后者的难点是选择网络适配器,有物理网络适配器和 VMkernel 适配器两种可供选择,但是如果能够理解交换机的上行链路和下行链路以及交换机本身的工作原理,操作时也能得心应手。

相关知识

1. 分布式端口与端口组

vSphere 分布式交换机在数据中心上的所有关联主机之间充当单一交换机。这使得虚拟机可在跨越多台主机进行迁移时确保其网络配置一致。分布式端口是连接到主机的 VMkernel 或虚拟机的网络适配器的 vSphere 分布式交换机上的一个端口。端口组为每个端口指定了诸如宽带限制和 VLAN 标记策略之类的端口配置选项。网络服务通过端口组连接到标准交换机上。端口组可定义通过交换机连接网络的方式。通常,单个标准交换机与一个或多个端口组关联。

分布式端口组是与 vSphere 分布式交换机相关联的端口组,用于指定各成员端口的端口配置选项。分布式端口组可定义通过 vSphere 分布式交换机连接网络的方式。

2. 网络最佳做法

参考 VMware 官方文档,在配置网络时,请考虑下列最佳做法。

(1)将网络服务彼此分开,以获得更好的安全性和更佳的性能。将一组虚拟机置于单独的物理网卡上。这种分离方法可以使总网络工作负载的一部分平均地分摊到多个 CPU 上。例如,隔离的虚拟机可更好地服务于来自 Web 客户端的流量。

(2)在专用于 vMotion 的单独网络上保持 vMotion 连接。在进行 vMotion 迁移时,客户机操作系统内存的内容将通过该网络传输。通过使用 VLAN 对单个物理网络分段,或者使用单独的物理网络(后者为首选),可以实现这一点。

(3)将直通设备与 Linux 内核 2.6.20 或更低版本配合使用时,请避免使用 MSI 和 MSI-X 模式,因为这会明显影响性能。

(4)要以物理方式分离网络服务并且专门将一组特定的网卡用于特定的网络服务,请为每种服务创建 vSphere 标准交换机或 vSphere 分布式交换机。如果此操作无法实现,可以将网络服务附加到具有不同 VLAN ID 的端口组,以便在一个交换机上将它们分离。与此同时,与网络管理员确认所选的网络或 VLAN 与环境中的其他部分是隔离的,即没有与其相连的路由器。

(5)可以在不影响虚拟机或在交换机后端运行的网络服务的前提下,向标准或分布式交换机添加或从中移除网络适配器。如果移除所有正在运行的硬件,虚拟机仍可互相通信。如果保留一个网络适配器原封不动,则所有的虚拟机仍可与物理网络相连。

(6)为了保护大部分敏感的虚拟机,请在虚拟机中部署防火墙,以便在带有上行链路

（连接物理网络）的虚拟网络和无上行链路的纯虚拟网络之间路由。

（7）为获得最佳性能，请使用 vmxnet3 虚拟网卡。

（8）连接到同一 vSphere 标准交换机或 vSphere 分布式交换机的每个物理网络适配器还应该连接到同一物理网络。

（9）将所有 VMkernel 网络适配器配置为相同的 MTU。当多个 VMkernel 网络适配器连接到 vSphere 分布式交换机但配置了不同的 MTU 时，可能会遇到网络连接问题。

任务实施

学习完上述知识后，我们就开始行动吧。每台 ESXi 主机在创建后都会默认存在一台标准虚拟交换机，为了演示，我们将新建一台分布式虚拟交换机，然后将 2 台 ESXi 主机添加到该交换机。

1.新建分布式交换机

（1）登录 vCenter 服务器

通过 vSphere Client 访问 vCenter 服务器，建议使用 vSphere Web Client 网页方式访问 vCenter 服务器，网址为 https://192.168.1.100:9443/vsphere-client，其中 192.168.1.100 为 vCenter 的服务器，和 vSphere Client 一样输入同样的用户名和密码，登录 Web 平台。经过很多次实践，发现 vSphere Client 6.7 版本的分布式交换机这个选项有时候是灰色的，无法进行编辑，即使为用户添加了新建分布式交换机权限，也依然如此，因此推荐采用 vSphere Web Client，VMware 公司也主推该客户端，所以学会两种客户端方式是很有必要的。

（2）选择新建分布式交换机

右击杭州网轩数据中心，在弹出的快捷菜单中单击"新建 Distributed Switch"，如图 4-19 所示。

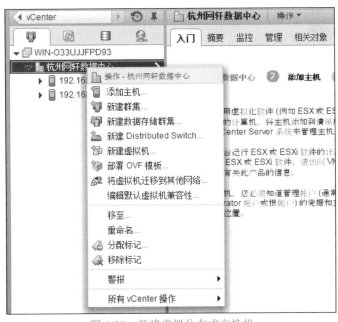

图 4-19　新建虚拟分布式交换机

（3）更改交换机名称和位置

修改分布式交换机的名称，默认是 DSwitch，同时选择数据中心。因为这里我们只部署了一个数据中心，所以无须再选择，如图 4-20 所示。

图 4-20　更改交换机名称和位置

（4）选择交换机版本

单击"下一步"按钮，选择交换机版本，在 vSphere 6.7 版本中主要有下图这些版本，当然选择最低的版本兼容性更好，所以我们选择默认的 4.0 以上，如图 4-21 所示。

图 4-21　选择交换机版本

（5）交换机编辑设置

单击"下一步"按钮，设置交换机的上行链路数、默认端口组和端口组名称，这里我们还是采用默认设置，同时也了解了如何默认添加一个名为 DPortGroup 的端口组，如图 4-22 所示。

图 4-22　交换机编辑设置

（6）完成创建

单击"下一步"按钮，会显示之前的交换机设置，并完成确认和创建，如图 4-23 所示。

图 4-23　完成分布式交换机的创建

2. 添加和管理主机

完成创建虚拟交换机后，进入 DSwitch 交换机主界面，右击弹出如图 4-24 所示的快捷菜单，单击"添加和管理主机"，这里要熟悉怎么进入 DSwitch 这个主界面。

图 4-24　打开分布式交换机的主界面

（1）添加和管理主机-选择任务

在弹出的"添加和管理主机"对话框中，首先会要求选择任务，这是什么意思呢？就如页面上的解释一样，选择让该分布式交换机做何种任务，本次我们就简单地添加 ESXi 主机，如图 4-25 所示，从这里我们也可以看出，分布式交换机不只针对 1 台 ESXi 主机，而是跨越多台主机而存在，具体参考如图 4-5 所示的分布式交换机的拓扑结构。

图 4-25　选择任务

（2）添加和管理主机-选择主机

单击"下一步"按钮，然后单击"新主机"，弹出"选择新主机"对话框，将系统中存在的 2 台 ESXi 主机加入分布式交换机 DSwitch 中，单击"确定"，如图 4-26 所示。

图 4-26　选择主机

（3）选择网络适配器

单击"下一步"按钮，进入"选择网络适配器任务"对话框，在这个页面主要设置将已经选择的 ESXi 主机的哪些网络适配器接入当前的分布式交换机。通过前面的交换机的拓扑结构学习，我们将主机的原物理适配器和管理 VMkernel 的适配器接入分布式交换机。前者用于分布式交换机的上行链路，而后者 VMkernel 分配给分布式交换机的下行端口组。可以参考如图 4-27 所示的 Distributed Switch 示例辅助理解。

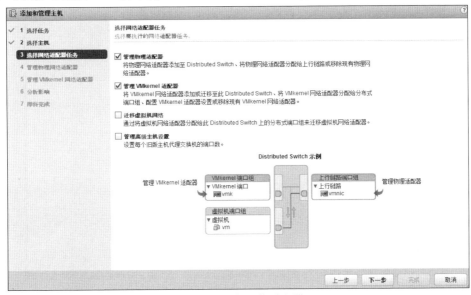

图 4-27　选择网络适配器

（4）管理网络适配器

单击"下一步"按钮，选择具体的物理网络适配器，因为上一步已经勾选了管理物理适配器选项，所以在这一步会弹出所有主机上的物理网络适配器，我们需要为本分布式交换机 DSwitch 分配上行链路，按照如图 4-28、图 4-29 所示，两台 ESXi 主机存在两个上行链路，每台主机一个上行链路，所以单击分配上行链路，然后将每台主机上的 vmnic1 分配给 DSwitch，因为 vmnic0 已经分配给默认的标准交换机 vSwitch0。

图 4-28　管理物理网络适配器

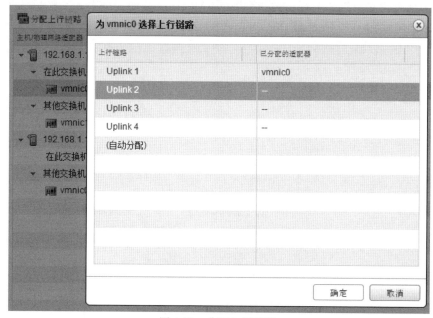

图 4-29　分配上行链路

（5）管理 VMkemel 网络适配器

单击"下一步"按钮，跟上一步一样，由于勾选了管理 VMkernel 网络适配器选项，所以会选择相应的 VMkernel 网络适配器，如图 4-30 所示。因为没有设置具体的适配器端口，所以直接默认。

图 4-30　管理 VMkemel 网络适配器

（6）分析影响

单击"下一步"按钮，查看当前的配置是否会影响其他从属服务。如图 4-31 所示，我们看到对两台 ESXi 主机内部的 iSCSI 服务没有影响，因此单击"下一步"按钮就顺利完成了在分布式交换机 DSwitch 上添加主机的任务。

图 4-31　分析影响

（7）检查分布式交换机拓扑结构

完成主机的添加之后，检查分布式交换机的拓扑结构，具体可以返回到 DSwitch 的主界面，然后在管理标签下找到拓扑，如图 4-32 所示。

图 4-32　分布式交换机的拓扑路径

单击"拓扑"，可以看到整个 DSwitch 的拓扑结构，左侧是设置的默认端口组 DPortGroup，右侧配置了两个物理网卡，分别用于每台 ESXi 主机的上行链路。本任务并没有具体的虚拟机，在后续的实验中，用户可以通过添加多个虚拟机进行测试和验证。如图 4-33 所示。

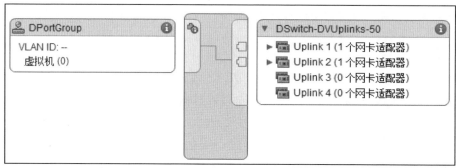

图 4-33　分布式交换机 DSwitch 的拓扑结构

习题练习

一、单项选择题

❶ 下列哪个不是虚拟交换机的端口类型？（　　　）

A. VM Network 端口　　　　　　　　B. VMkernel 端口

C. 下行链路端口　　　　　　　　　　D. vMotion 端口

❷ 下列哪个不是分布式交换机的特点？（　　　）

A. 横跨多台 ESXi 主机　　　　　　　B. 有上行链路端口

C. 有下行链路端口　　　　　　　　　D. 不能在上行链路上配置多个网卡

❸ 在分布式交换机的上行链路上配置多张网卡的作用不包括（　　　）。

A. 分流　　　　　　　　　　　　　　B. 冗余

C. 提高存储速度　　　　　　　　　　D. 提升计算性能

❹ 以下哪种关于虚拟交换机的说法是错误的？（　　　）

A. 虚拟交换机利用虚拟化技术，在逻辑上集成多台物理连接的交换机

B. 使用虚拟交换机能够缩减网络设备数量，简化网络结构

C. 虚拟交换机只能运行在一台单独的物理主机上

D. 虚拟机能够进行热迁移的条件之一就是要有分布式虚拟交换机

❺ vSphere 管理员创建一个 vSphere 标准交换机，虚拟机的端口组连接一个物理上行口。若需要保证该端口组的虚拟机只能相互交流，管理员应该做什么操作？（　　　）

A. 从 vSphere 标准交换机删除物理上行口

B. 创建专用 VLAN 并将它应用到 vSphere 标准的交换机上的虚拟机端口组

C. 虚拟交换机只能运行在一台单独的物理主机上

D. 虚拟机能够进行热迁移的条件之一就是有分布式虚拟交换机

❻ 下列关于物理交换机和虚拟交换机区别的描述，不正确的是（　　　）。

A. 虚拟交换机运行在物理服务器上，物理交换机有单独的硬件

B. 虚拟交换机无法对 VLAN 标签做操作，物理交换机可以对 VLAN 标签做操作

C. 虚拟交换机无法配置三层接口，物理交换机可以配置三层接口

D. 虚拟交换机的正常运行同样需要一定的硬件资源

二、多项选择题

❶ 以下哪些效果是 VLAN 技术能实现的？（　　　）。

A. 限制广播域　　　　　　　　　　B. 增强局域网的安全性

C. 提高网络的健壮性　　　　　　　D. 通过软件编程实现对网络设备的灵活控制

❷ vCenter Server 中一个数据中心由以下哪些部分组成？（　　　）。

A. 计算服务器（x86 虚拟化服务器等）

B. 存储阵列（光纤通道 SAN 阵列、iSCSI SAN 阵列和 NAS 阵列）

C. IP 网络　　　　　　　　　　　　D. 管理服务器

E. 管理客户端　　　　　　　　　　F. 存储网络

三、判断题

❶ 按虚拟交换机端口逻辑可分 3 种类型，分别是 VM Network 端口、VMkernel 端口和上行链路端口。　　　　　　　　　　　　　　　　　　　　　　　　　（　　　）

❷ VMkernel 端口相当于物理交换机的下行链路端口，用于连接虚拟机的虚拟网卡的端口。　　　　　　　　　　　　　　　　　　　　　　　　　　　　　　　（　　　）

❸ VM Network 端口用于管理登录 ESXi 主机、ESXi 宿主机挂载 IP 存储或虚拟机 vMotion 迁移。　　　　　　　　　　　　　　　　　　　　　　　　　　　　（　　　）

❹ 上行链路端口用于连接 ESXi 主机物理网卡然后联通物理网络，ESXi 主机上的物理网卡，在 ESXi 主机里表示为：vmnic(n)，所以经常看到 vmnic0、vmnic1 等名字。

（　　　）

❺ 每个 vSphere 标准交换机可以上联主机的一个或多个物理网卡，多块网卡可以起到负载均衡与故障转移作用。　　　　　　　　　　　　　　　　　　　　　　（　　　）

⑥ 虚拟交换机可以连接多块物理网卡,所以同一块物理网卡可以连接多个虚拟交换机。   （   ）

⑦ 分布式交换机可为在多台主机之间迁移的虚拟机提供一致网络配置的虚拟交换机。   （   ）

⑧ 基于虚拟交换机的虚拟化网络能够实现虚拟机之间的相互隔离。   （   ）

四、问答题

❶ 什么是虚拟交换机?

❷ 虚拟交换机和真实交换机有什么区别?

❸ 从"智拼交换机"这款游戏中你看到了什么架构?请自己画出该拓扑结构图。

❹ VMware vSphere 的标准交换机是怎么与主机的网卡连接的?其与虚拟机又是怎么连接的?

❺ VMware vSphere 的分布式交换机是怎么与主机的网卡连接的?其与虚拟机又是怎么连接的?

❻ VMware vSphere 的分布式交换机跟标准交换机相比有什么优势?请具体说明扩展的功能。

❼ VMware vSphere 的虚拟交换机有哪几种类型的端口组?

❽ 端口和端口组有什么区别?

❾ 什么是上行链路?在 ESXi 主机中分别对应什么网络适配器?

❿ 什么是下行链路?在 ESXi 主机中分别对应什么网络适配器?

⓫ 交换机的上行和下行链路的区别是什么?

⓬ 在 VMware Workstation 中的物理网卡的默认命名方式是什么?

五、实验题

安装 1 台 ESXi 主机(名字为 MyESXi),在该主机上配置 1 台标准交换机(名字为 MySwitch),要求上行链路有 2 张网卡,分别是 vmnic1 和 vmnic2(MyESXi 主机配置 3 张网卡,分别是 vmnic0、vmnic1 和 vmnic2,vmnic0 为默认的标准交换机 vSwitch0 使用),下行链路有虚拟机端口组,标签为 couldnetwork,在 MyESXi 主机上新建 1 台 Windows Server 2012 服务器,要求将虚拟机挂载到 MySwitch 的 couldnetwork 端口组下面,并将安装好虚拟机后的 MySwitch 交换机拓扑结构截图。

情景5
构建云计算基础架构

学习目标 ▼

【知识目标】

- 了解什么是 VMware vSphere 以及产品核心组件的特点和功能

- 理解 vSphere vCenter 的云计算基础架构以及各个组件之间的关系

- 理解 vSphere vCenter 的工作原理、简单安装的方法和操作步骤

- 掌握在 vSphere vCenter 中创建数据中心和添加 ESXi 主机的方法与步骤

- 掌握在 vSphere vCenter 中创建虚拟机的方法与步骤

- 理解虚拟机的迁移概念、类型和迁移的操作方法和步骤

- 理解虚拟机快照的概念以及保存和还原快照的操作方法和步骤

【技能目标】

- 能够根据架构图清楚地知道每个组件的特点、功能及其与其他组件的关系

- 能够简单安装 vSphere vCenter 服务器

- 能够在 vCenter 服务器中创建数据中心和添加 ESXi 主机

- 能够在 vCenter 服务器中实现主机之间的迁移

- 能够在 vCenter 服务器中实现主机之间的保存和还原快照

【素养目标】

- 引导学生更加注重对基础理论的研究和学习

- 培养团结互助的职业精神

- 教育学生增强责任意识,依规操作,确保工程质量

- 增强法律意识,严格遵守职业道德和社会公德

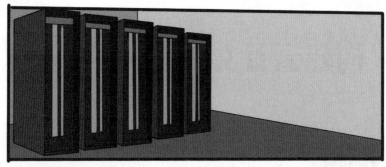

　　杭州网轩电子商务有限公司内部有很多服务器,管理 FTP、邮件、Web、财务系统、数据库、电商平台等,为了安全隔离,为每个产品都分配了单独的服务器。该公司发展了10 年,服务器数量越来越多,伴随着老化和性能的下降,堆放的空间也增加了好几倍,维护起来也越来越麻烦,同时为它们装配了更多的空调并消耗了更多的电和基础设备。再这样下去怎么办? 成本越来越高。难道真的解决不了这一问题吗? 空空是该公司新招的运维工程师,看到老板的焦虑,空空心里一直在想要是能帮助公司解决这个问题该多好啊! 还能帮公司节省不少成本! 于是,除了完成领导交代的任务外,空空利用闲余时间和

周末休息日,学习了大量有关解决这方面问题的办法,功夫不负有心人,终于有一天早上,正当他在刷牙的时候突然出现了灵感,让他找到了这把金钥匙。请你代表空空设计这把金钥匙,一个能够优化公司基础设施的方案并构建一个良好的管理平台!

情景设计

运维人员空空通过 vSphere 帮助该公司架构了一个云计算基础方案,如图 5-1 所示,图中的 vSphere Client 是 vSphere 客户端,vServer 就是该公司原先各个独立服务器的角色,我们在 ESXi 下建立各种虚拟机(vServer),从而建立了一个庞大的虚拟资源池。因为涉及公司机密,我们对这里的 IP 地址和具体的网络信息进行了简化,这也是运维人员应具备的职业道德。

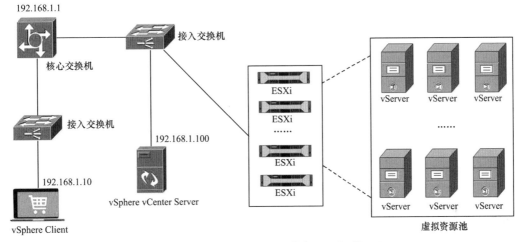

图 5-1　杭州网轩 vSphere 云计算基础方案(简化版)

为了在教学中完成这个架构,我们对上述架构图进行了简化。实验可以在机房或个人电脑上完成。如图 5-2 所示为本次情景的总体实验拓扑。

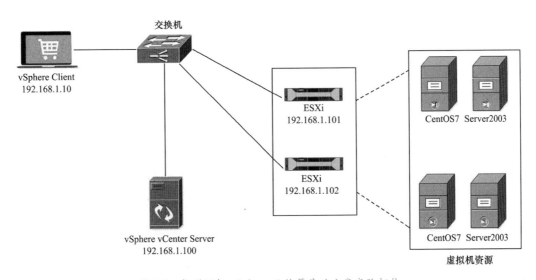

图 5-2　杭州网轩 vSphere 云计算基础方案实验拓扑

任务 5.1　熟悉 vSphere 平台

任务描述

通过鸡场的管理方式的例子与 vSphere 数据中心管理 ESXi 主机和虚拟机的类比,理解 vSphere 的概念、作用和组成,了解各个组件的特点与用途,并通过参与"找自己"活动,理解 vSphere 云计算基础架构。

任务分析

当 ESXi 主机不多的时候,管理员先管理这些主机,然后再去管理里面的虚拟机。但是网络有一股神奇的力量,就像宇宙一样在不断膨胀,如果企业内部的 ESXi 主机变得越来越多,那么对于管理员来说会是一件痛苦的事。事实上,VMware 公司早就考虑到这一点了,那就是 VMware vSphere 平台,简称 vSphere 平台。vSphere 构建了整个虚拟基础架构,将数据中心转化为可扩展的聚合计算机基础架构。虚拟基础架构还可以充当云计算的基础,因此也算是云计算的基础架构。

为了理解这个 vSphere 平台,我们采用鸡场的例子作为比喻来类比 vSphere 构建数据中心的平台架构,即鸡场—数据中心、鸡笼—vCenter、饲养员—管理员、母鸡—ESXi 主机以及鸡蛋—虚拟机,让用户有一个更加直观的理解。同时,对 vSphere 的核心组件,比如 vCenter 服务器、存储、IP 网络等进行了介绍和分析。

相关知识

1. vSphere 架构

vSphere 架构是由软件和硬件两方面组成的。

各大服务器厂家都针对虚拟化提出了它们自己的解决方案,并针对虚拟化架构进行了优化,每个厂家都有自己的特点和卖点。VMware vSphere 的物理拓扑结构由五部分组成:虚拟化服务器(ESXi 主机)、存储器网络和阵列、IP 网络、管理服务器(vCenter Server)和客户端(Client),如图 5-3 所示。

微课

vSphere架构

这里面有很多内容容易混淆,比如 vCenter、客户端、ESXi 主机、各种虚拟机还有存储。为了方便理解,我们以鸡场为例,如图 5-4 所示。

我们看到了什么?首先是鸡场,鸡场里面有一排排鸡笼,还有很多母鸡和鸡蛋。饲养员通过鸡笼这种集中方式管理着鸡场。vSphere 也与此类似,用户在数据中心通过 vCenter 这种集中方式管理 ESXi 主机和 ESXi 主机产生的虚拟机,见表 5-1。

当然,这一比喻有些牵强,毕竟鸡场和数据中心是不可能完全一样的。不知道你理解了没有。根据上述物理拓扑,我们对每个组件进行简要介绍。

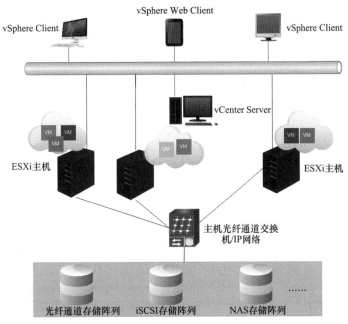

图 5-3　vSphere 物理拓扑结构

图 5-4　某鸡场一角落

微课

vSphere架构动画

表 5-1　　　　　　　　　　　　鸡场和数据中心

鸡场	vSphere 数据中心
鸡笼	vCenter 服务器
饲养员	管理员
母鸡	ESXi
鸡蛋	虚拟机

137

vSphere 只是一类云计算基础架构,现在有很多云计算基础架构的产品,这种基础架构变得越来越重要。因为现在国家间的对抗,不再局限于经济、军事等方面,数字经济的发展以及网络安全的实力也是一个国家实力的象征。如今,越来越多的国家将云安全列为国家安全的重要工作,因为云上承载着大量的核心数据,有些数据甚至关乎国家的经济发展、安全,有些国家就会打压他国云厂商的发展。上云后,可能由于信息泄露、云厂商对一些产品的信任等问题,政府和企业陷入云安全风险。此外,基础设施会面临数据安全等风险,一旦安全防护被攻破,攻击者就会进入基础设施盗取核心数据造成不可估计的危害。因此,企业在上云前,应当做好事前评估与持续监督,才能保障安全与促进应用相统一。

作为在校大学生,我们要深入学习优秀的云计算基础架构,掌握内部机制的理论知识和实践中的核心技能,从而更好地应对云计算带来的信息安全问题。

2. 虚拟化服务器(ESXi 主机)

在裸机上运行 ESXi 的业界标准 x86 服务器,具体可以通过 https://www.VMware.com/resources/compatibility/search.php 官方网站查询每一种 ESXi 版本支持的具体服务器类型、迁移兼容性要求等,如图 5-5 所示。

图 5-5 ESXi 迁移兼容性要求

ESXi 本身是一套操作系统,跟 Windows 类似,只不过这个操作系统的功能是为虚拟机提供资源,并运行虚拟机。每台虚拟化服务器在虚拟环境中都被称为独立主机。将许多配置相似的 x86 服务器组合在一起,并与相同的网络和存储子系统连接,便可提供虚拟环境中的资源集合(称为群集)。

3. 存储器网络和阵列

光纤通道 SAN 阵列、iSCSI SAN 阵列和 NAS 阵列是广泛应用的存储技术,VMware vSphere 支持这些技术以满足不同数据中心的存储需求。存储阵列通过存储区域网络连接到服务器组并在服务器组之间共享。此安排可实现存储资源的聚合,并在将这些资源置备给虚拟机时使资源存储更具灵活性。

4. IP 网络

每台 ESXi 主机都可以有多个物理网络适配器,为整个 VMware vSphere 数据中心(包括存储网络)提供高带宽和可靠的网络连接。

5. 管理服务器(vCenter Server)

vCenter Server 为数据中心提供一个单一控制点,也就是集中式管理整个数据中心。它提供基本的数据中心服务,如访问控制、性能监控和配置功能。它将各台 ESXi 主机中的资源统一在一起,使这些资源在整个数据中心的虚拟机之间共享。其原理是:根据系统管理员设置的策略,管理虚拟机到计算服务器的分配,以及资源到给定计算服务器内虚拟机的分配。

在 vCenter Server 无法访问(如网络断开)的情况下(这种情况极少出现),ESXi 主机仍能继续工作。ESXi 主机可单独管理,并根据上次设置的资源分配继续运行分配给它的虚拟机。在 vCenter Server 的连接恢复后,它能重新管理整个数据中心。

6. 客户端

vSphere 为数据中心管理和虚拟机访问提供多种界面。这些界面包括 VMware vSphere Client(vSphere Client)、vSphere Web Client(用于通过 Web 浏览器访问)或 vSphere Command-Line Interface(vSphere CLI),用户可以根据自己的喜好进行选择,不过 VMware 公司将重点放在了 Web Client 上,推荐用户优先使用该客户端。

任务实施

学完以上知识后,我们将通过参与"找自己"的活动来进一步理解 vSphere 云计算基础架构,一起行动吧!

1. 活动名称:

找自己

2. 卡片介绍

教学活动中会有 7 种卡片,包括管理员、vCenter、绿色 ESXi 主机、黄色 EXSi 主机、绿色虚拟机、黄色虚拟机和求助卡,只有求助卡是标明身份的,其他六种卡都需要通过卡片内容介绍进行识别,各卡片具体介绍见表 5-2。

表 5-2　　　　　　　　　　　　　　卡片介绍

卡片	是否标明身份	鸡场类比角色	卡片数量
管理员	否	饲养员	1
vCenter	否	鸡笼(不直接标明,需自己判定)	1

（续表）

卡片	是否标明身份	鸡场类比角色	卡片数量
绿色 ESXi 主机	否	母鸡（不直接标明，需自己判定）	1
黄色 ESXi 主机	否	母鸡（不直接标明，需自己判定）	1
绿色虚拟机	否	鸡蛋（不直接标明，需自己判定）	1—2
黄色虚拟机	否	鸡蛋（不直接标明，需自己判定）	1—2
求助卡	是	直接标明	1

其中鸡场类比角色是指卡片中的角色类似鸡场中的角色，如图 5-6 所示。

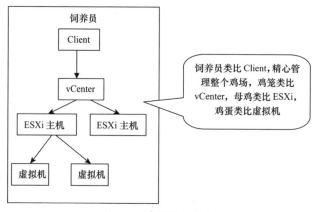

图 5-6　鸡场类比角色

具体卡片设计如图 5-7 所示。

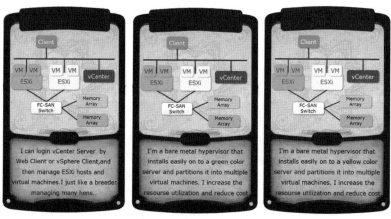

图 5-7　求助卡以外的卡片

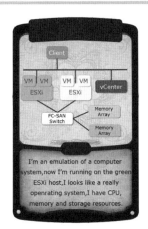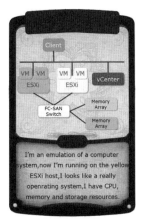

图 5-7(续)　求助卡以外的卡片

3.活动介绍

教学活动的具体流程如下：

(1)教师将这些卡片发给每个小组,建议小组人数为 7～9 人。

(2)每个小组成员抽一张卡片,抽到管理员这张卡片的同学作为本次活动的主持人,如果整个小组都无法确定哪张卡片是管理员,可以使用求助卡向老师请求1 次帮助,帮助卡收回。

(3)小组成员可以互相交流讨论,互相帮助,由管理员主持小组活动,每个成员需要清楚自己的卡片是什么,有什么作用,寻找自己是拓扑图中的哪个,类似于鸡场中的什么角色。

(4)讨论十分钟后教师抽每个组的管理员上台画出自己小组的云基础架构拓扑图并做简要汇报,教师打分。

(5)教师从每个组中随机抽 1～2 张组成一副卡,要求全体同学用亿图软件画出云基础架构拓扑图作为本次活动的作业。

任务 5.2　构建 vSphere 平台

任务描述

通过鸡场和数据中心的类比,我们在一定限度上理解了 vSphere 的总体架构。为了对这个架构有更深入的认识,我们将通过 vSphere 对杭州网轩的虚拟化方案进行具体实施。本次实验将在 Workstation 的 Server 2012 上安装和配置 vCenter 服务器,通过

vSphere Client 登录 vCenter 管理中心,将公司内部的多台 ESXi 主机加入其中,并在这个之上构建多台虚拟机用于公司的各种服务。

任务分析

首先,针对实验拓扑,按照实际需求规划 IP 地址(也可以与本方案一致),并进行连通性测试,保障每一个设备和服务器都能够相互通信,这是非常重要的一个步骤。其次,在 Windows Server 2012 及以上版本安装 vSphere vCenter 服务器(本教材采用 Windows Server 2012 R2 操作系统),注意 vCenter 的安装步骤,特别是要看清楚每个组件的安装前提,比如 SSO 必须第一个安装,建议初学者采用简单安装方式,有一定基础的可以采用自定义安装。然后通过客户端登录 vCenter 平台进行管理,将提前安装好的多台 ESXi 主机加入平台中,并在此之上安装多台虚拟机,用于公司内部服务的搭建。这种方式将原先需要多台服务器才能实现的架构变成了只需要几台 ESXi 主机即可,提高了服务器的利用率和工作效率。

相关知识

vSphere 是 VMware 公司发布的一整套产品包,是 VMware 公司推出的一套服务器虚拟化解决方案,包含 VMware ESXi、VMware vCenter Server、VMware vSphere Client 等产品。运行 vSphere 产品包中的 vCenter Server 和 ESXi 实例的系统必须满足特定的硬件和操作系统要求。

1. ESXi 硬件要求

ESXi 是一个 hypervisor,即虚拟机管理程序,用于把 x86 服务器的硬件进行虚拟化。在 ESXi 上面安装操作系统就像在真实物理硬件上安装操作系统一样。一旦在一台 x86 服务器硬件上安装了 ESXi,底层的硬件就被虚拟化了,但这台服务器可以创建多个虚拟机。因此,在安装 EXSi 版本之前,请确保主机的硬件和系统资源必须满足要求。请参见《VMware 兼容性指南》,网址为 http://www.vmware.com/resources/compatibility。

安装 ESXi 6.7 之前,确保主机符合 ESXi 6.7 支持的最低硬件配置。

- ESXi 6.7 仅能在安装有 64 位 x86 CPU 的服务器上安装和运行。
- ESXi 6.7 要求主机至少具有两个 CPU 内核。
- ESXi 6.7 需要在 BIOS 中针对 CPU 启用 NX/XD 位。
- ESXi 6.7 需要至少 4 GB 物理内存。建议至少使用 8 GB 内存,以便能够充分利用 ESXi 的功能,并在典型生产环境下运行虚拟机。
- 要支持 64 位虚拟机,CPU 必须能够支持硬件虚拟化(Intel VT-x 或 AMD RVI)。
- 一个或多个 1 Gbit/s 或 10 Gbit/s 以太网控制器。

vSphere 6.7 是 2018 年 4 月发行的版本,新增了很多功能,并扩展了兼容性,版本的发行说明参考官方文档 https://docs.vmware.com/cn/VMware-vSphere/6.7/rn/vsphere-esxi-vcenter-server-67-release-notes.html。

2. vCenter Server 主机必须符合硬件要求

vCenter Server 服务器是用于管理一个或者多个 ESXi 服务器的工具。在部署 vCenter Server 应用时，可以根据规划好的 vSphere 环境大小来决定 vCenter Server 主机的 CPU 数量、内存和存储容量，见表 5-3。

表 5-3　　　　　　　　　　　　　　vCenter 硬件要求

vSphere 环境规模	vCPU 数目	内存	默认存储
微型环境（最多 10 个主机或 100 个虚拟机）	2	10 GB	250 GB
小型环境（最多 100 个主机或 1 000 个虚拟机）	4	16 GB	290 GB
中型环境（最多 400 个主机或 4 000 个虚拟机）	8	24 GB	425 GB
大型环境（最多 1 000 个主机或 1 610 000 个虚拟机）	16	32 GB	640 GB
超大型环境（最多 2 000 个主机 24 或 35 000 个虚拟机）	24	48 GB	980 GB

vCenter Server 设备系统要求的官方文档参考如下链接：https://docs.vmware.com/cn/VMware-vSphere/6.7/com.vmware.vcenter.upgrade.doc/GUID-752FCA83-1A9B-499E-9C65-D5625351C0B5.html

3. vCenter Server 软件要求

可以从受支持版本的 Windows、Linux 或 Mac 操作系统上运行的网络客户机运行 vCenter Server 应用，通过 GUI 或 CLI 方式安装程序。GUI 和 CLI 安装程序的系统要求见表 5-4。

表 5-4　　　　　　　　　　GUI 和 CLI 安装程序的系统要求

操作系统	操作系统版本
Windows 操作系统	Windows7、8、10
	Windows Server 2012
	Windwows Server 2012 R2
	Windows Server 2016
Linux 操作系统	SUSE 12
	Ubuntu 14
Mac 操作系统	MacOS v10.9 10.10 10.11
	macOS Sierra

在部署 vCenter Server 应用之前，必须下载 vCenter Server 应用的安装程序 ISO 文件并将其挂载到要通过其执行部署的网络虚拟机或物理服务器中。在验证 vCenter 服务器满足最低的软件和应用要求后，如果计划在设备的网络设置中分配静态 IP 地址和 FQDN 作为系统名称，请确认已为此 IP 地址配置了正向和反向 DNS 记录。物理环境准备完毕后，可以使用 GUI 安装程序以交互方式部署 vCenter Server 应用服务。

需要注意的是，vCenterServer 要求使用 64 位操作系统，vCenterServer 需要使用 64 位系统 DSN 以连接到其数据库。

4. vSphere Web Client 软件要求

vSphere Client 就是通过它远程连接控制 ESXi 上的客户端程序。vSphere Web Client 是基于浏览器的 VMware 管理工具，能够监控并管理 ESXi 主机。通过 vSphere Client 登录到 ESXi 主机上，一次只能管理一个 ESXi 的主机；而通过 vSphere Client 登录到 vCenter Server 上，可以同时管理多个 ESXi 服务器。

登录之前，确保浏览器支持 vSphere Web Client。vSphere Web Client 安装需要 64 位操作系统，如 Microsoft Windows Server 2012 Standard/Datacenter 64 位操作系统。

vSphere Web Client 6.7 版本受支持的客户机操作系统如下：

- Windows 32 位和 64 位版本
- Mac OS

vSphere Web Client 6.7 版本受支持的浏览器版本如下：

- Google Chrome 89 或更高版本
- Mozilla Firefox 80 或更高版本
- Microsoft Edge 90 或更高版本

此外，浏览器需要安装 Adobe Flash Player 11.1.0 或更高版本以及适当的插件，才能保证 vSphere Web Client 正常显示页面。

任务实施

1. 安装 ESXi

首先，安装多台 ESXi 主机，如图 5-8 所示为安装成功后的界面，具体安装过程见情景 2。

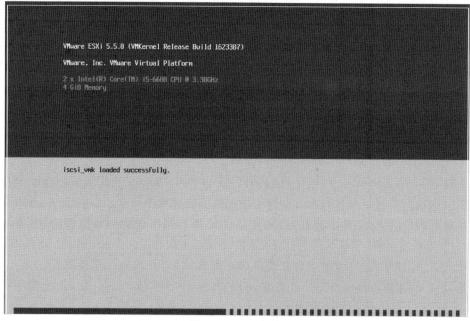

图 5-8　ESXi 安装

　　2 台 ESXi 主机采用静态配置 IP 地址（按空格表示选择），输入相关的 IP 地址。按照实验拓扑，将 2 台 ESXi 主机的 IP 地址分别设置成 192.168.1.101 和 192.168.1.102，配置完之后，先按"Enter"，再按"Esc"退出配置界面，接着按照提示选择"Y"保存配置，结果如图 5-9 所示。

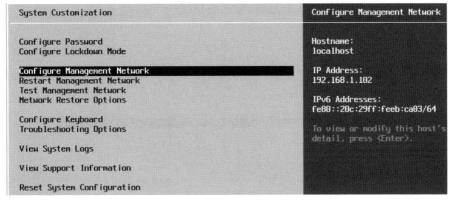

图 5-9　ESXi 网络配置

2. 安装 vSphere vCenter（图 5-10）

图 5-10　vSphere vCenter 简单安装入口界面

　　在 Workstation 中打开 Windows Server 2012 R2 虚拟机，规划好 IP 地址（192.168.1.100），将所有 ESXi 和 Server 2012 R2 的网络连接模式改为桥接，且必须在同一个网段，Server 2012 的防火墙需要关闭，各个虚拟机保证互相之间能够 ping 通，之后在弹出的 vCenter 安装程序界面上选择合理的安装方式，建议选择简单安装，当然也可以采用自定义安装，但是注意安装顺序，每个安装组件都有相应的前提条件，如果采用自定义的话，顺序分别是安装 vSphere 的第 1 个（vCenter Single Sign-On）、第 2 个（vCenter Web Client）、第 3 个（vCenter 清单服务）和第 4 个（vCenter Server）软件，使用自己规划的 IP 地址，安装大多使用默认配置，账户名为 administrator@vsphere.local，密码为自己设置的，注意，此处密码不应含有标点"."，否则会在之后的安装过程中出错。

　　在简单安装方式安装过程中关键的几点记录如下：

　　（1）在 SSO 安装过程中一定要检查 IP 地址，如图 5-11 所示。同时，我们也注意到了域这个概念，域是一个有安全边界的计算机集合，在同一个域中的计算机彼此之间建立了信任关系,就像人类社会中的那种信任,对自己、他人、企业、国家、社会、世界等充满信赖,和谐互信,坦诚相待,因此域内计算机在访问同域中其他机器时,不再需要被访问机器的许可。如果系统设置了域,那么就可以选择域并在复选框 FQDN 前面打钩。因为是初学,我们只做 IP 这部分,所以默认就行。

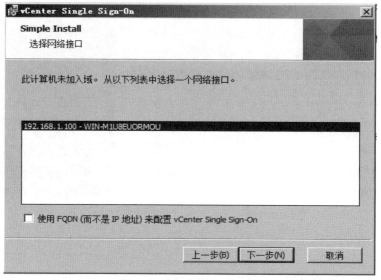

图 5-11　SSO 网络端口选择

（2）在 SSO 安装过程中还有一个默认域管理员账号密码设置需要引起重视,如图 5-12所示。首先,记住默认安装的域名是 vsphere. local,用户名是 Administrator,密码需要满足复杂策略,我们建议在实验环境中将密码设置成 P@ssw0rd；其次,在自定义安装各个组件的时候会要求输入 SSO 的用户名,还有在安装完 vCenter 后登录服务器的时候也需要输入用户名,这个用户名包括了 SSO 的用户名和域名,即 Administrator@vsphere. local。

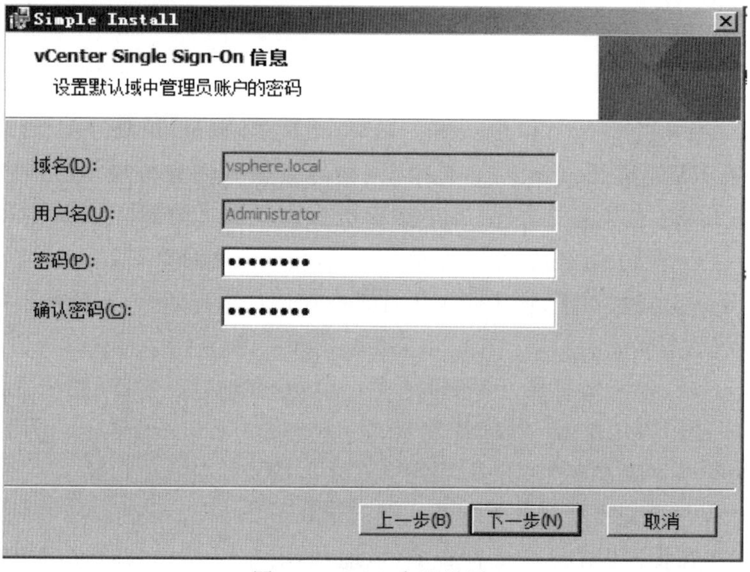

图 5-12　SSO 密码设置

（3）Web Client 和清单服务安装基本不需要设置，但是在安装 vCenter Server 时需要选择安装 SQL Server，如果系统本身有安装，建议卸载，如果比较熟练，也可以选择"使用现有的受支持数据库"选项，然后输入数据源名称，如图 5-13 所示。

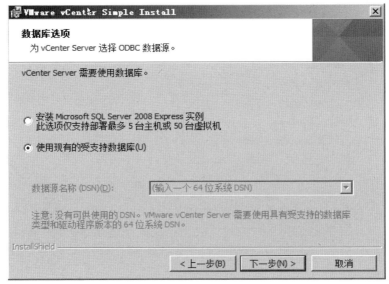

图 5-13　vCenter Server 数据库安装

同时，检查 Windows 本地账户的授权，核对域名，这里的域名就是默认的服务器 IP地址，无须修改，保障 vCenter Server 能够在本地正常运行，如图 5-14 所示。

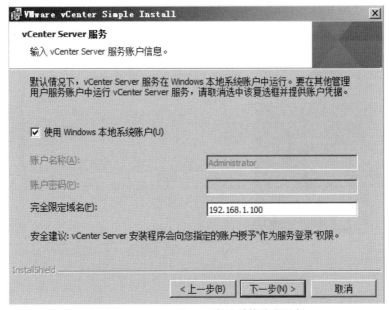

图 5-14　vCenter Server 本地系统账户运行

最后，需要关注 vCenter Server 的端口配置情况，通常情况下保持默认就行，除非这些端口在服务器本身被占用，特别是 80 端口，很多服务器默认用在其他地方，所以要去检查下，如果出现端口占用情况，要么在这里修改端口，要么停止占用的端口。此外，还需要看下常见的各个服务器的端口号，比如 Https 是 443，如图 5-15 所示。

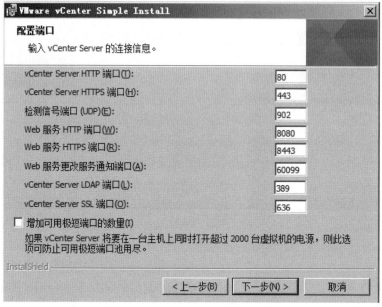

图 5-15　vCenter Server 端口配置

3. 安装 vSphere Client

安装 vSphere Client 软件，单击"安装程序"，进入安装界面，如图 5-16 所示。

图 5-16　vSphere Client 安装界面

单击"下一步"按钮，完成接受条款协议和选择安装位置等步骤，则成功安装 vSphere Client 软件（这里具体步骤略）。

4.创建数据中心(鸡场)

打开桌面上的 vSphere Client，登录 vCenter Server 服务器实验环境。如图 5-17、图 5-18 所示。

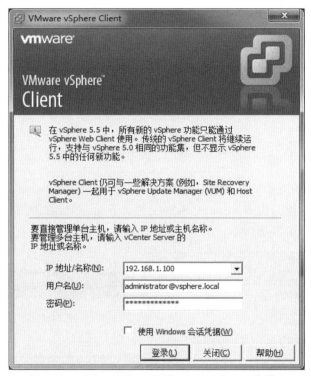

图 5-17　vSphere Client 登录 vCenter Server 步骤 1

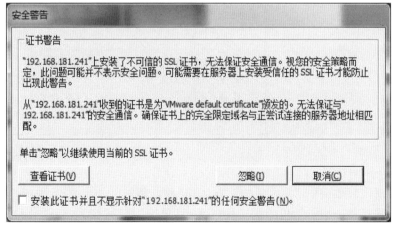

图 5-18　vSphere Client 登录 vCenter Server 步骤 2

登录成功后进入主界面,如图 5-19 所示。

图 5-19　vCenter 管理主界面

单击"主机和集群",进入 vCenter Server 管理界面,然后右击"新建数据中心",输入数据中心名称,如图 5-20 所示。

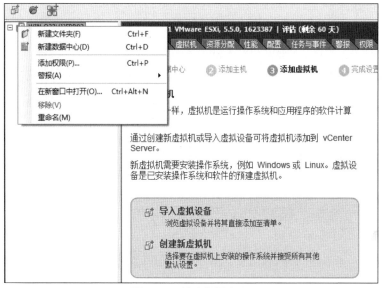

图 5-20　创建数据中心

5. 加入 ESXi 主机

右击杭州网轩数据中心,添加主机,输入 IP 地址和用户名与密码,如图 5-21 所示。

这时会弹出验证指定主机的真实性的提示,单击"是"按钮,表示信任该 ESXi 主机,如图 5-22 所示。

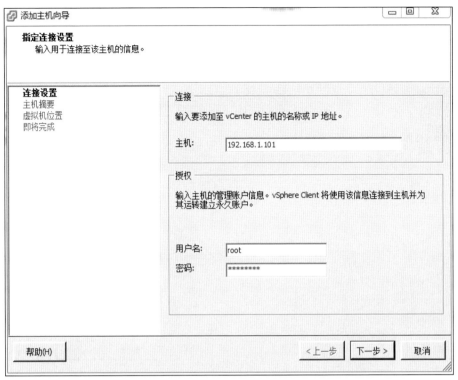

图 5-21　添加 ESXi 主机

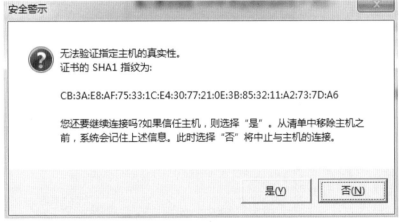

图 5-22　ESXi 主机连接安全提示

　　为主机的虚拟机选择位置需要选择数据中心名称,当前只建立了杭州网轩数据中心,如图 5-23 所示。

　　将上述两台 ESXi 主机都加入该数据中心,如图 5-24 所示。

图 5-23　数据中心选择

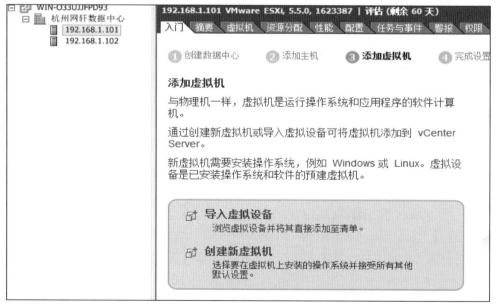

图 5-24　添加两台 ESXi 主机

6. 导入镜像

选择配置中的本地存储器 datastore1，右击 datastore1，打开数据存储浏览器，如图 5-25 所示。

图 5-25　打开数据存储

单击工具栏第 4 个图标，上传一个虚拟机的镜像文件，此处上传的是 CentOS 的 ISO 文件，如图 5-26 所示。

图 5-26　上传 ISO 镜像文件

7. 创建虚拟机

（1）新建虚拟机

右击其中一台主机，新建主机，如图 5-27 所示。

图 5-27　新建虚拟机

（2）虚拟机安装配置

弹出虚拟机安装配置窗口，这里选择默认的典型，如图 5-28 所示。

图 5-28　虚拟机安装配置选择

（3）指定虚拟机名称和位置

单击"下一步"按钮，然后输入虚拟机的名称和选择清单中的数据中心，如图 5-29 所示。

图 5-29　指定虚拟机名称和位置

（4）选择虚拟机存储配置位置

单击"下一步"按钮，选择虚拟机存储配置位置，这里选择默认的 datastore1 本地存储，如图 5-30 所示。

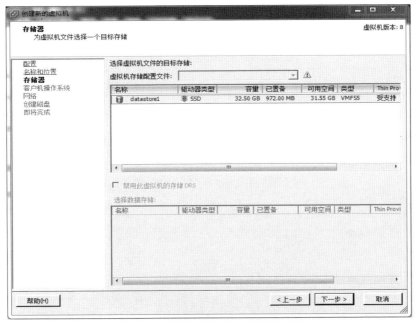

图 5-30　选择虚拟机的存储配置位置

（5）选择操作系统

单击"下一步"按钮，按照 CentOS 的镜像版本正确选择虚拟机的操作系统类型和具体版本，如图 5-31 所示。

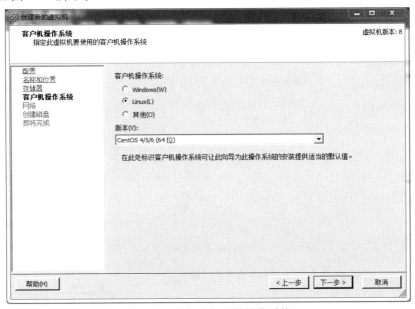

图 5-31　选择虚拟机的操作系统

（6）选择网络连接方式

单击"下一步"按钮，选择默认的网络网卡，如图 5-32 所示。

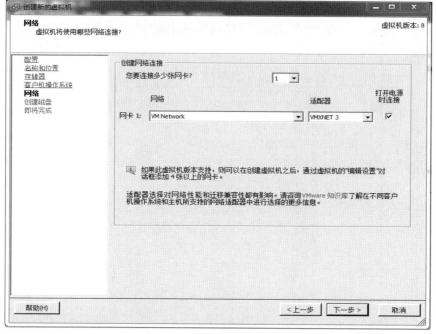

图 5-32　选择虚拟机的网络

（7）指定虚拟磁盘大小和置备策略

单击"下一步"按钮，设置合理的虚拟磁盘大小和磁盘置备策略，如图 5-33 所示。

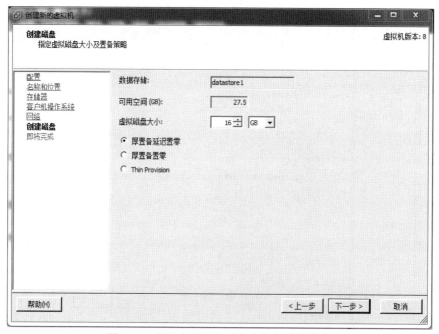

图 5-33　指定虚拟机的磁盘大小和置备策略

完成之后可以看到已经成功建立了虚拟机，如图 5-34、图 5-35 所示。

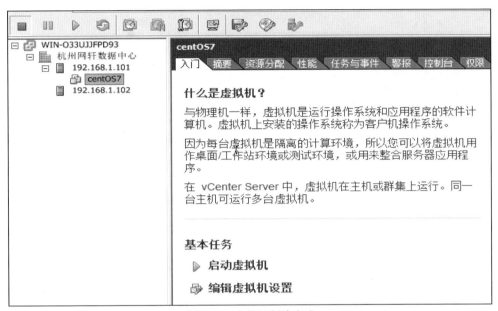

图 5-34　虚拟机创建完成

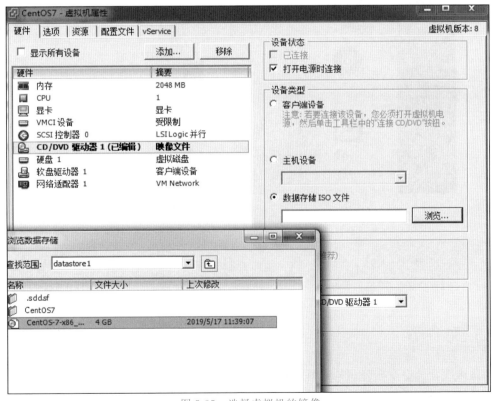

图 5-35　选择虚拟机的镜像

打开虚拟机并进入控制台查看虚拟机安装界面，如图 5-36 所示是一个 CentOS7 操作系统。

图 5-36 虚拟机 CentOS7 安装过程

单击图上标识的位置，选择上传的 CentOS7 的镜像文件，即可进行安装，如图 5-37 所示。

图 5-37 选择 CentOS7 的基本安装配置

任务 5.3 快照与还原

任务描述

运维工程师空空在公司构建好 vSphere 云计算基础平台后，在不同虚拟机上安装了操作系统。空空作为一个上进好学的工程师，经常在服务器上进行各种探索性操作。忽然有一天，空空不小心删除了 Linux 服务器上的一个重要文件，请同学们帮帮他，该如何找回这个文件呢？

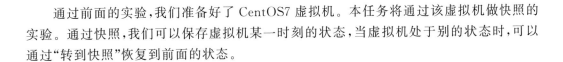

通过前面的实验,我们准备好了 CentOS7 虚拟机。本任务将通过该虚拟机做快照的实验。通过快照,我们可以保存虚拟机某一时刻的状态,当虚拟机处于别的状态时,可以通过"转到快照"恢复到前面的状态。

任务分析

vSphere 有克隆和快照两个功能,我们要搞清楚这两个功能的作用和区别。克隆是源虚拟机的一份副本,而快照是对虚拟机 VMDK 文件某一时间点的"备份",它并不是对源虚拟机文件的备份,因此只能将虚拟机恢复到生成快照时的状态。为了体验这一过程,我们先在某一台 CentOS7 虚拟机上新建一个文件,然后创建一个快照,再将该文件删除,最后通过恢复快照功能将 CentOS7 恢复到创建快照时的那个状态,从而恢复删除的文件。

相关知识

在默认情况下,vSphere 平台中的虚拟机快照启用此选项,此选项将虚拟机的内存内容作为快照的一部分刷新到磁盘。这允许虚拟机恢复到拍摄快照时运行的确切状态。如果取消选择此选项,并且也未选择客户文件系统处于静默状态,则快照将创建崩溃一致的文件,这意味着我们需要在快照恢复后手动启动虚拟机。内存快照将需要更长的时间才能完成。另外,虚拟机被"冻结"以确保状态完整性。

通过虚拟内存快照,可以将虚拟机恢复到拍摄快照时的状态。这是通过在获取磁盘快照时保存该虚拟机的内存状态来实现的。通过执行此操作,我们可以通过重新加载内存状态并删除匹配的磁盘快照来还原原始虚拟机运行状态。

快照和克隆都是备份的一种手段,当数据出现问题或丢失时,可以通过这些技术从中恢复数据。现如今,数据遭受破坏的事件层出不穷,违法人员也受到了法律的制裁。2018 年,链家网科技有限公司数据库管理员韩某利用其掌握该公司财务系统"root"权限的便利,登录财务系统,删除了系统内的财务数据及相关应用程序,致使系统彻底无法访问,直接影响了整个公司的正常运行。链家为恢复数据和重建该系统共计花费人民币18 万元。依照《中华人民共和国刑法》第二百八十六条第一款、第二款之规定,判决:被告人韩某犯破坏计算机信息系统罪,判处有期徒刑七年。这个案例也告诉我们每个人要增强责任意识,依规操作,确保工程质量,增强法律意识,严格遵守职业道德和社会公德。同时,作为企业,要切实加强数据保护。

任务实施

首先,在某一台 CentOS7 虚拟机上进行操作模拟,比如在名为 CentOS7 的桌面上新建一个普通文件,命名为"I am back",最好在该文件中输入一些文字内容,如图 5-38 所示为新建的文件。

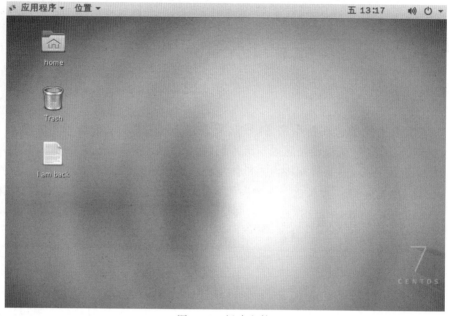

图 5-38　新建文件

　　然后，通过 vSphere Client 登录 vCenter 服务器，找到该服务器中名为 CentOS7 的虚拟机，然后单击创建快照（图中红框部分），如图 5-39 所示。

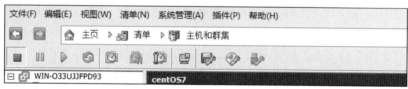

图 5-39　单击创建快照按钮

　　弹出虚拟机快照界面，如图 5-40 所示，输入快照的名称，这个名称建议用时间命名比较好，比如 201906042200，填入快照的描述，比如主要是用于什么状态的保存，保持默认的生成虚拟机内存快照选项（有关虚拟机内存快照具体见前面的介绍）。

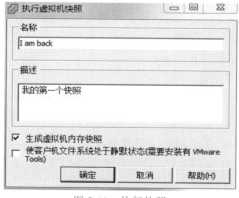

图 5-40　执行快照

这时，我们来测试下快照的效果，首先模拟某用户不小心删除了一个重要文件（桌面上的 I am back 文件），如图 5-41 所示。

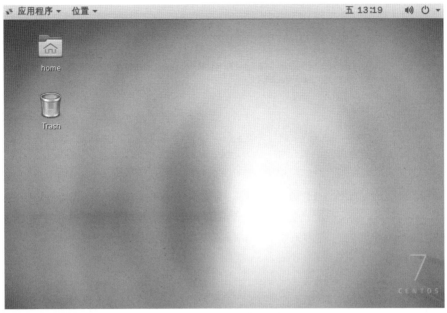

图 5-41　删除新建的文件

那如何才能恢复到原有的某个状态呢？这时候就可以用快照恢复功能了。选择图 5-39 红框右边第 2 个带有把手的图标，执行快照管理，如图 5-42 所示选择原先新建的快照。

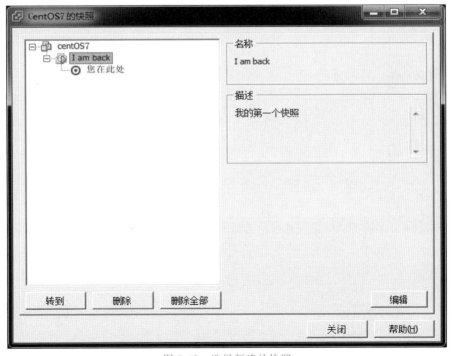

图 5-42　选择新建的快照

单击界面上的"转到"标签,会弹出如图 5-43 所示的对话框,选择"是",将 CentOS7 虚拟机恢复到原先新建的快照环境。

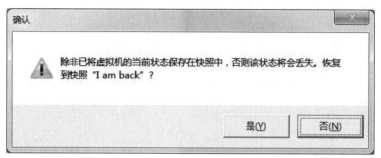

图 5-43　执行快照

执行完快照后,如图 5-44 的 CentOS7 虚拟机桌面上之前的 I am back 文档又出现了,如图 5-44 所示,说明系统已经切换到之前的状态了。这就是快照的作用。至此,本实验完成了。下面我们会进行虚拟机迁移的实验,并查看在虚拟机迁移过程中,是否会保存当前虚拟机状态。

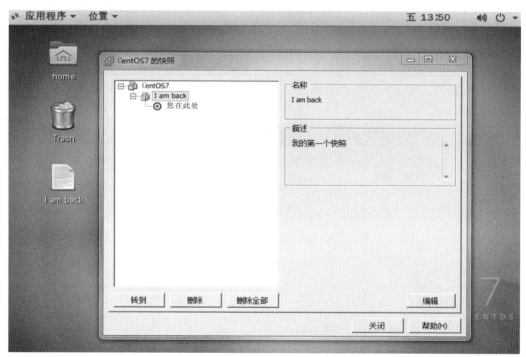

图 5-44　快照执行完毕

任务 5.4   虚拟机迁移

任务描述

　　运维工程师空空在 vSphere 平台上创建了 3 台 ESXi 主机,其上的服务器运行着公司不同业务的应用服务。但随着业务体量的下降,访问服务器的网络流量也逐渐减少。为了降低业务运行成本,老板要求空空将所有业务的应用服务迁移到 1 台 ESXi 主机的服务器上,关闭其他 ESXi 主机,并且保证在迁移过程中业务不中断,用户无感知。请同学们帮帮空空,他该如何操作才能完成迁移任务呢?

　　虚拟机有很多管理功能,我们做完快照实验和看完本任务视频后,会对迁移的概念、vSphere 的迁移类型和迁移方法有一定的理解,能够针对不同的云计算基础架构和实际需求采用对应的迁移方案。本任务是从一台 ESXi 主机下的虚拟机采用热迁移虚拟机到另外一台 ESXi 主机中。

任务分析

　　搞清楚迁移的概念,还有 vSphere 将迁移分成冷迁移和热迁移 2 种类型,其中应用更加广泛和难度较大的是热迁移。在具体迁移时,包括更改主机迁移、更改数据存储迁移和更改主机与数据存储迁移 3 种方式。vSphere 的云计算架构因具体需求不一样而有所不同,比如是否采用共享存储,本任务从初学者角度考虑在具体迁移操作时采用了更改主机和数据存储这种方式。

相关知识

　　1. 虚拟机迁移的基本知识

　　虚拟机迁移是指将虚拟机从一个计算节点迁移到另外一个节点上。这里需要理解的是虚拟机包括主机和数据存储 2 部分,因此在迁移的时候可以只迁移一部分或者迁移全部,这样一来就出现了只迁移主机,只迁移数据存储以及迁移主机和数据存储 3 种方式。

　　2. vSphere 的迁移和条件

　　VMware 公司将虚拟机的迁移分为冷迁移和热迁移,这两者的区别主要是看虚拟机是处于开机还是关闭状态,如果是在关闭状态下迁移则属于冷迁移,反之则属于热迁移。

　　迁移的条件也会随着类型不同而有所不同,具体如下:

　　(1)冷迁移

　　什么情况下采用冷迁移呢?这主要取决于是否需要移动虚拟机文件的存储位置和两台 ESXi 物理主机是否共享了存储。比如当我们新加或修改一个虚拟硬件时,通常都需要在虚拟机断电的情况下进行(除了热插拔设备),但修改或新加设备可能需要一定时间,

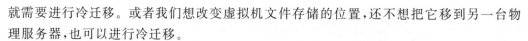

就需要进行冷迁移。或者我们想改变虚拟机文件存储的位置，还不想把它移到另一台物理服务器，也可以进行冷迁移。

(2)热迁移

为了保证虚拟机连续运转，我们可以通过 vSphere 的 vMotion 技术来实现。试想如果有这么好的技术，为什么还要冷迁移呢？因为热迁移要求多啊！我们看看它对源 ESXi 主机和目标 ESXi 主机都有哪些要求。

①虚拟机操作的 SAN LUNs 和 NAS 设备对其都具有可见性；

②以太网的数据传输能力要达到 G 级；

③接入同一个物理网络；

④一致的端口配置以及供 VMotion 使用的专属网络；

⑤两者的 CPU 互相兼容。

正是因为有这么多要求，所以冷迁移就非常有必要了。

任务实施

1. 检查网络

本实验将进行 vMotion 迁移实验。在迁移之前，先查看迁移的网络是否配置成功，如图 5-45 所示为 192.168.1.101 这台 ESXi 主机的虚拟交换机 vSwitch0 的网络拓扑，从图 5-45 中我们可以看到 CentOS7 处于 VM Network 虚拟机端口组。

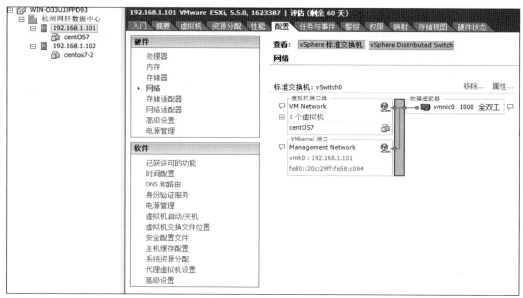

图 5-45　虚拟机网络拓扑

同时也可以看出迁移网络已经准备就绪，我们可以先检查虚拟机的当前情况，如图 5-46 所示，单击"摘要"，可以看到该虚拟机的主机是 192.168.1.101、自身的 IP 地址等内容。

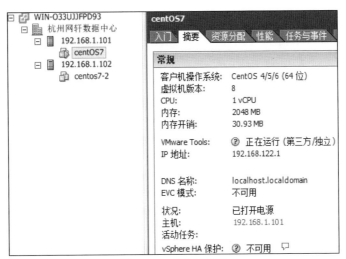

图 5-46　虚拟机摘要

现在我们要把该虚拟机迁移到其他 ESXi 主机上。在迁移前,先查看该虚拟 ESXi 主机所在的真实主机位置。

2. 虚拟机迁移

选择 CentOS7 这台虚拟机并右击,如图 5-47 所示,单击"迁移"选项,进入具体的迁移配置界面。

图 5-47　虚拟机迁移

如图 5-48 所示是虚拟机迁移类型选择界面,这里有三个选项,更改主机、更改数据存储和更改主机和数据存储,第一个更改主机表示只修改主机的位置,第二个表示只修改存储位置,比如原先是在本地,现在改成了共享存储,第三个是同时修改主机位置和存储位置。我们需要弄清楚这三个选项,这里因为我们没有采用共享存储,所以将虚拟机中

ESXi1 迁移到 ESXi2 时,其存储位置也自然而然改变了。

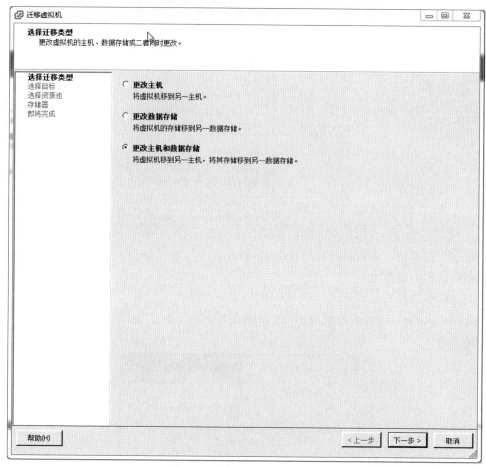

图 5-48　选择虚拟机迁移类型

如图 5-49 所示为虚拟机要迁移的目标主机,这里只有 192.168.1.102 这台 ESXi 主机,选择"确认"并单击"下一步"按钮。

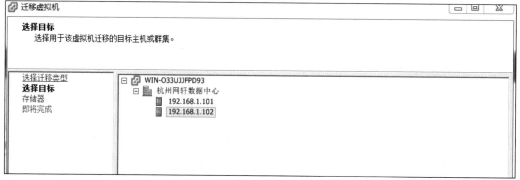

图 5-49　选择虚拟机迁移目标

我们可以看到如图 5-50 所示的存储器选择界面,这里 192.168.1.102 这台主机只有本地磁盘 datastore1(1),所以选择该存储器,单击"下一步"按钮。

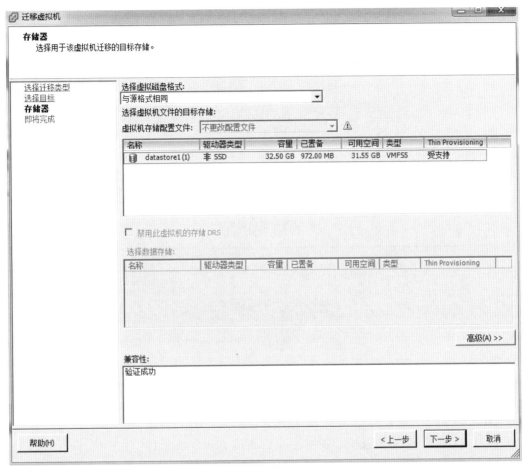

图 5-50　选择虚拟机迁移目标存储器

按照默认完成迁移的确认,最后可以在底部位置查看虚拟机的迁移任务实施进度,如图 5-51 所示。

图 5-51　迁移任务实施进度

这时候我们再去查看 CentOS7 这台虚拟机的位置,如图 5-52 所示,发现它已经从原先 101 这台主机迁移到 102 主机了,存储迁移也成功了。至此,vMotion 迁移实验完成。

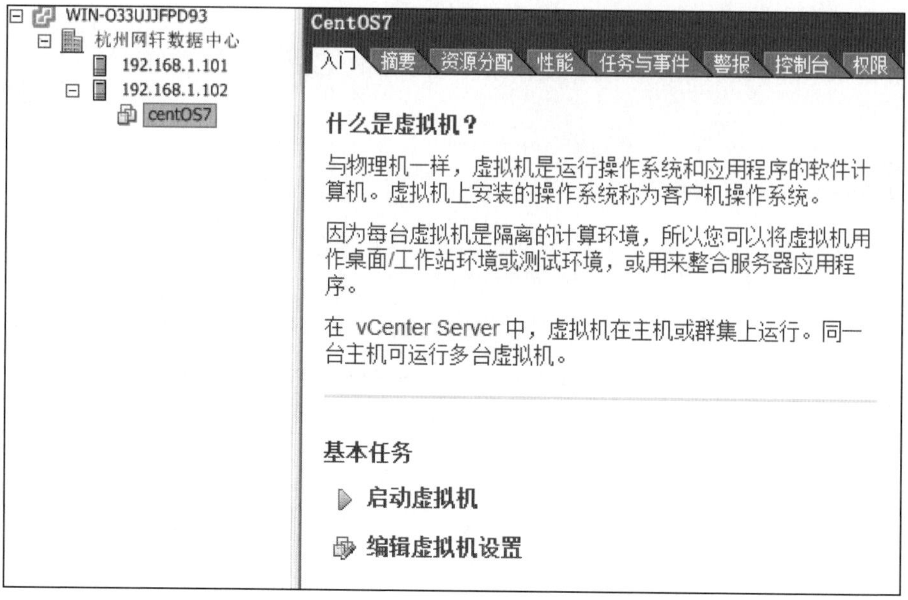

图 5-52 迁移成功

习题练习

一、单项选择题

❶ 在 VMware 的虚拟化产品 vSphere 中以下描述不正确的是（   ）。

A. vCenter 是控制中心，用于管理 host

B. host 是指安装有 ESX 或者 ESXi 的物理机

C. ESX 或者 ESXi 直接安装在物理机上，并非在操作系统上

D. 1 台 ESX 或者 ESXi 主机上只能安装 1 台虚拟机

❷ 要使冷迁移正常运行，虚拟机必须（   ）。

A. 处于关闭状态

B. 满足 vMotion 的所有要求

C. 可以在具有相似的 CPU 系列和步进功能的系统之间移动

D. 仍位于冷迁移之前的同一个数据存储中

❸ 下列关于虚拟机快照的说法中，哪一项是正确的？（   ）

A. 快照作为单个文件记录，存储在虚拟机的配置目录中

B. 虚拟机一次只能拍摄一张快照

C. 在拍摄快照过程中可以选择是否捕获虚拟机的内存状态

D. 只能从命令行管理快照

❹ 下列哪个不属于 vSphere 的产品？（   ）

A. Hyper-V   B. vCenter   C. ESXi   D. SSO

❺ 快照不适用于以下哪个场景？（　　）

A. 业务毁灭性测试　　　　　　　　　B. 业务数据长久保存

C. 业务补丁升级　　　　　　　　　　D. 业务重大变更

❻ 以下不属于快照管理的是（　　）。

A. 复制快照　　　　　　　　　　　　B. 修改快照

C. 创建快照　　　　　　　　　　　　D. 删除快照

二、多项选择题

❶ 创建虚拟机的方式有（　　）。

A. 其他虚拟平台导入　　　　　　　　B. 使用模板部署

C. 使用已有的虚拟机克隆　　　　　　D. 直接创建一个新虚拟机

❷ VMware vSphere 存储技术，用以满足各种数据中心存储需求，以下属于该存储技术的是（　　）。

A. 光纤通道 SAN 阵列　　　　　　　B. iSCSI SAN 阵列

C. NAS 阵列　　　　　　　　　　　D. SDP 阵列

❸ 以下哪些是 VMware vSphere 为数据中心管理和虚拟机访问提供的界面？（　　）

A. VMware vSphere Client　　　　　　B. 命令行

C. 云桌面　　　　　　　　　　　　　D. 网页登录

❹ 下列对于虚拟机热迁移描述正确的是（　　）。

A. 虚拟机热迁移过程中，虚拟机磁盘数据位置不变，只更改映射关系

B. 虚拟机热迁移使用的场景可以容忍业务短时间中断

C. 虚拟机热迁移使用的场景不能容忍业务短时间中断

D. 虚拟机热迁移过程中，虚拟机磁盘数据位置改变，并更改映射关系

❺ 虚拟机迁移不包括以下哪个？（　　）

A. 主机　　　　　　　　　　　　　　B. 数据存储

C. 飘移　　　　　　　　　　　　　　D. 主机和数据存储

三、判断题

❶ 静态迁移就是虚拟机在关机状态下，复制虚拟机虚拟磁盘文件与配置文件到目标虚拟主机中，也称为热迁移。　　　　　　　　　　　　　　　　（　　）

❷ 虚拟机的动态迁移（Live Migration），可让虚拟机在不关机，且能持续提供服务的前提下，从一台虚拟平台服务器迁移到其他虚拟平台服务器运作。　　（　　）

❸ vSphere 是 VMware vSphere 的整个云计算方案产品。我们将其中装有 ESXi 机器的称为主机。　　　　　　　　　　　　　　　　　　　　　　（　　）

❹ vCenter 类似于母鸡，用于管理各种虚拟机（鸡蛋），而 ESXi 用于管理各种主机，类似于管理鸡场。　　　　　　　　　　　　　　　　　　　　（　　）

⑤ 虚拟机迁移是将指定虚拟机手动迁移到不同的主机、数据存储下,支持离线迁移和在线迁移。 （   ）

⑥ 快照创建过程中,可以对虚拟机进行其他操作。 （   ）

❼ 虚拟机迁移内容包括更改主机、更改存储、更改主机和存储。 （   ）

❽ 更改主机和存储是指将虚拟机迁移到其他主机,同时将虚拟机镜像文件迁移到该主机上的其他存储,仅支持离线迁移。 （   ）

❾ 虚拟机快照是虚拟机在某个时刻的镜像。 （   ）

四、问答题

❶ 简述虚拟机中快照与克隆的区别。

❷ 简述 vSphere 迁移的三种方式。

❸ 什么是冷迁移?

❹ 热迁移和冷迁移的区别是什么?

❺ 请用画图工具(推荐用亿图)画出 vSphere vCenter 的架构图并简要分析其中的原理。

❻ VMware vSphere、ESXi、vCenter、vSphere Client 的关系是什么?

❼ 在 vSphere 中热迁移操作有限制条件吗? 如果有,请具体描述。

❽ vSphere 虚拟化软件通过 VMotion 技术可以解决什么问题?

五、实验题

在 vCenter Server 上配置 2 台 ESXi 主机,分别为 Esxi1 和 Esxi2,新建 2 台 Server 2008 服务器 Server1 和 Server2,并分别在 Server1 和 Server2 系统上搭建一个 Iscsi 共享存储服务器(Iscsi1 和 Iscsi2),在 Esxi1 上新建虚拟机 CentOS7,存储位置选择在 Iscsi 共享存储上。实验要求将 Esxi1 中的虚拟机 CentOS7 迁移到 Esxi2 上,数据存储从原有的 Iscsi1 迁移到 Iscsi2 上,请记录实验步骤。

六、案例分析题

诸葛小李,女,23 岁,经贸专业 2013 届毕业生,目前就职于杭州虚真好科技有限公司,担任二部组长,小李曾前往廊坊市财政局完成了服务器虚拟化方案的设计和实施。以下为客户面临的问题:

(1)服务器数量剧增

随着业务的发展,廊坊市财政局的业务系统日渐增多,已经部署专项资金管理系统、横联备份系统、视频会议系统、办公 OA 系统、门户网站系统等多个系统,每个系统都需要 1 台以上服务器资源的支持,从而造成服务器数量迅速膨胀,不仅造成廊坊市财政局的硬件成本增加,也对数据中心的机房空间、电力能耗提出了挑战。

(2)业务连续性保障存在风险

廊坊市财政局的业务系统大都运行在单台服务器上,大部分业务缺少专业备份软件的保障,更缺乏可用性保障。一旦某台服务器出现故障,其上运行的业务就会立即中断,且需要很长时间才能恢复运行,从而带来重大损失。

(3)服务器资源利用率不高

当前廊坊市财政局每台服务器上只运行一种业务,虽然在峰值时段会达到 30% 左右的资源利用率水平,但是大部分时间的服务器资源利用率都在 10% 以下,未能充分利用现有服务器的处理能力。

①请你代表诸葛小李为廊坊市财政局设计一个解决上述问题的方案。

②请你代表诸葛小李画出该服务器虚拟化方案的拓扑结构图,并简要说明理由。

③表 5-5 为本项目实施中的软硬件情况。

表 5-5　　　　　　　　　　　　本项目软硬件情况

序号	类型	软件、版本	具体参数
1	虚拟机软件	ESXi Server 5.5、vCenter 5.5	
2	财政局业务应用	专项资金管理系统、横联备份系统、视频会议系统、办公 OA 系统、门户网站系统、FTP 系统、DNS 系统	
3	服务器 1	IBM3650 服务器	CPU:2 核 Xeon X5670 内存:96 GB
4	服务器 2	IBM3850 服务器	CPU:4 核 Xeon MP; 内存:48 GB
5	SAN 存储	IBM DS4300	
6	交换机	Brocade SilkWorm 200E	

从上表中,我们看到有 SAN 存储,请你解释本次虚拟化方案中 SAN 存储的用途和理由。

请你猜猜看,按照这个方案进行具体的实施,会有哪些方面的提升?

情景6

攀上云端

学习目标 ▼

【知识目标】

- 了解云计算的概念、主要功能和相应的分类

- 理解云计算的 IaaS、PaaS 和 SaaS 三种服务结构的特点和区别

- 了解 OpenStack 项目的背景和历史发展情况

- 理解 OpenStack 的三层架构及其重要组件的功能

- 掌握 RDO 项目一键安装 OpenStack 的前提条件、方法和步骤

- 熟悉 OpenStack 平台的常用功能和操作步骤

【技能目标】

- 能够配置部署 OpenStack 的环境

- 能够通过 RDO 一键部署单节点 OpenStack

- 能够对 OpenStack 安装过程中存在的问题进行故障排除

- 能够使用 Horizon 登录 OpenStack 云计算管理平台

- 能够在 OpenStack 平台中创建实例并安装虚拟机

【素养目标】

- 培养学生学会分享的无私精神

- 培养学生推陈出新和追求突破的创新精神

- 培养学生树立责任意识和国家安全意识

- 传播中国优秀传统文化的价值理念,增强学生的文化自信

情景导入

　　采用 vSphere 云计算基础架构后,经过近半年的运维管理,杭州网轩电子商务公司的 IT 设施得到了较大的优化,帮助公司节省了一笔不小的开支,同时跟原来相比也提高了运维效率。但是随着公司的高速发展,内部组织越来越需要使用资源池中的资源,一开始申请资源的用户不多,空空就手动给他们分配计算、存储和网络资源,后来这种业务申请数量的增多极大地影响了空空的日常工作,让空空根本高兴不起来。除了申请数量增多之外,空空还经常遇到用户资源不足,比如网络带宽不够、存储和 CPU 不足等问题,还有一些是用了一段时间就不用了,如何回收这种浪费的资源呢? ……这让空空的头变得越来越大。如何解决这些问题? 他的脑海里一片空白。为了解决这些问题,空空请教了在某公司从事运维工作的同学小云,小云非常热情并耐心地告诉空空云计算是一种面向用户和

服务的商业模式,建议空空学习 OpenStack 开源云计算管理平台。听了小云的建议之后,空空就钻进了 OpenStack 世界。

情景设计

　　空空首先去了解云计算,包括它的概念、分类等;然后学习 OpenStack 的基本知识,着重理解 OpenStack 的分层架构,从资源层、业务逻辑层和表现层三个层次去构建整个 OpenStack 的结构;同时了解 OpenStack 的核心组件的功能。通过这些,空空准备在个人电脑的 Workstation 虚拟机上安装 OpenStack,体验和测试开源云计算管理平台,特别是里面的一些重要概念和操作方法,比如镜像管理、实例管理等,如图 6-1 所示为本情景的 OpenStack 单节点云计算平台的实验拓扑方案,为了方便教学,我们将 OpenStack 的控制节点、计算节点和网络节点都安装在同一台计算机上。

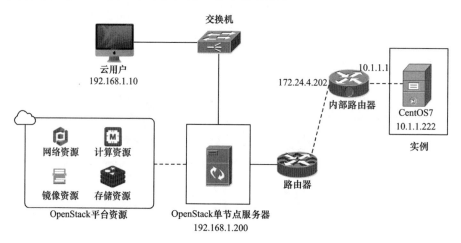

图 6-1　OpenStack 单节点云计算平台的实验拓扑方案

任务 6.1　浅析 OpenStack 架构

任务描述

　　我们可以通过房子出租的例子更好地理解云计算的概念、特点、作用和三种不同的服务结构,通过病人去拿药时药房内部的配药过程理解 OpenStack 的工作模式和架构,并通过参与"代号 47"的教育游戏,熟悉云计算的三大资源和 OpenStack 的核心组件及其主要功能。

任务分析

微课

云计算的
服务模式

首先,云计算没有明确的定义,我们从不同的角度思考就有不同的理解,特别是服务,刚入门时理解起来较为困难。因此,我们可以用房子出租时的三种不同装修程度来分别代表云计算的 IaaS、PaaS 和 SaaS 服务模式。

其次,要系统地理解 OpenStack 的架构、各个组件的功能以及它们之间的逻辑关系。我们从云计算的三个层次即资源层、业务逻辑层和表现层来表示整个 OpenStack 的结构,并通过药房为病人配药的流程这一类比来更好地理解这种分层结构。至于每个层面的具体内部组成,特别是业务逻辑层的核心组件比较多,如 Nova、Glance 等,我们设计了一款名为"代号 47"的教育游戏来加深记忆和提高学习的兴趣,同时更好地了解这些组件的功能和特点。

相关知识

1. 云计算架构

云计算是一种通过租赁交付给客户云资源的服务模式。按照服务的范围和结构特征,我们将云计算的交付分成了 IaaS(基础即服务)、PaaS(平台即服务)和 SaaS(软件即服务)三种。

因为云计算是通过租赁方式服务用户的,所以我们可以拿当前国家推出的租售同权来做比喻。房地产公司可以将自己的楼盘以租赁的方式提供给老百姓,如图 6-2 所示。

微课

云计算服务模式动画

图 6-2　新房出租

那么具体以什么样的方式出租呢？大家可以讨论下。

这是我想到的第1种可能，估计大家也猜到了——毛坯房，如图6-3所示。

图6-3　毛坯房

这种房子的装饰空间是很大的，只给租户提供了最基本的东西，比如入户门、水泥墙体、电源端口、水管端口等。这种形式在云计算中，就好比是IaaS结构，也就是把基础设施作为一种服务。

第2种是简装房，如图6-4所示。

图6-4　简装房

房地产公司给租户提供了简单的装修，跟毛坯房相比已经好了很多，给租户提供了很多的便捷，比如提供了床、桌子、凳子，租户只需在这个基础上购买少量的东西就可以生活了。这种房子格局基本稳定，租户自由装饰的空间就很小了。在云计算中这种形式就好比是 PaaS 结构,也就是把平台作为一种服务,租户在这个平台上进行产品开发。

第 3 种就是精装房了,如图 6-5 所示,房地产公司把各种东西都给租户准备好了,给租户带来了很大的方便,拎包入住,当然价格肯定比前面的两种要贵。在云计算中,SaaS 把软件都做好了,用户只管用就好。

图 6-5 精装房

2. OpenStack 架构

OpenStack 是一个开源社区,社区源代码免费开放,全世界共有 8 家白金会员和 18 家黄金会员作为基金会在推动 OpenStack 的不断完善,同时也有全世界很多公司和技术爱好者在贡献代码。

OpenStack架构

中国公司对 OpenStack 社区的贡献稳步增长,据 2017 年统计,Ocata 版本比 Newton 版本有了大幅提升。华为、九州跻身全球前十,中兴、麒麟、易捷思达、海云捷迅和浪潮则紧随其后,进入 Top20 阵营。华为在蓝图完成数(Completed Blueprints)排名指标上更是跃居全球第一。2021 年,在 Openstack 发布的第 24 个版本 Xena 中,麒麟在 3 个核心指标中的代码贡献均进入全球 Top3。中国公司在 OpenStack 社区的抢眼表现也为中国力量强势崛起吹响了冲锋的号角。据央视财经报道,我国已经成为全球开源代码的主要贡献来源,是全球开源体系的重要力量。

同时,它也是一个项目和开源软件,它提供了一个部署云的操作平台或工具集。其宗旨是帮助组织运行,为虚拟计算或存储服务的云,为公有云、私有云,也为大云、小云提供可扩展的、灵活的云计算。就像前面讲的云计算和管道煤气一样,它能够改变我们的工作和生活方式。

正因为 OpenStack 是一个平台和工具集,所以里面嵌入了很多东西,以下就是 OpenStack 的架构,如图 6-6 所示。

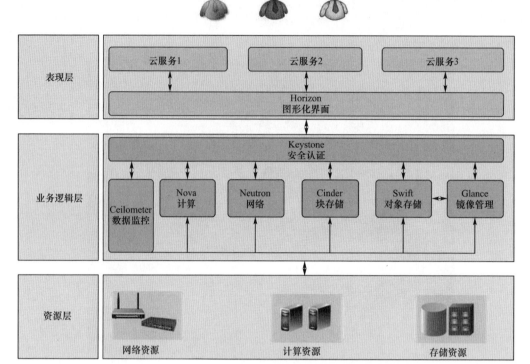

图 6-6　OpenStack 的架构

我们把 OpenStack 分成表现层、业务逻辑层和资源层。打个比方，如图 6-7 所示，病人到药房取药时，会把药方给工作人员。这个窗口就是表现层，病人只关心自己的药能否拿到。

图 6-7　药房窗口

工作人员根据病人的需求进行找药和取药等业务处理,这里的怎么找、怎么取就是业务逻辑。最终的目的是使用资源,也就是工作人员把正确的药交给病人,药房里的药就是资源层。

(1)表现层会提供一个叫作 Horizon 的东西来与用户交互。

(2)业务逻辑层比较复杂并不像药房里的业务那么简单,毕竟这是云计算,要做的事情非常多,所以有很多组件也帮助干活,比如 Keystone 负责安全认证,Neutron 负责网络管理等。

(3)资源层是云计算中的最底层,包含计算资源、存储资源和网络资源三大类。现在很多云计算公司都会推出云主机的促销活动,如图 6-8 所示为京东云某个时间段提出的抢购活动,该云主机上就有这些资源。

图 6-8　京东云资源

很多人觉得计算资源是处理器资源,其实还包括内存,不要把内存当作存储资源。存储资源包含的是块存储和对象存储。

微课

OpenStack组件

3. OpenStack 组件

前面讲了整体架构,但是每个组件具体是干什么的,这里我们还需要做具体介绍:

(1)Horizon

Horizon 是 Web 展示界面操作平台,方便用户交互。Horizon 是一个用以管理、控制 OpenStack 服务的 Web 控制面板,它可以管理实例、镜像,创建密钥对,对实例添加卷,操作 Swift 容器等。除此之外,用户还可以在控制面板中使用终端(console)或 VNC 直接访问实例。总之,Horizon 具有如下一些特点:

①实例管理:创建、终止实例,查看终端日志,VNC 连接,添加卷等。

②访问与安全管理:创建安全群组,管理密钥对,设置浮动 IP 等。

③偏好设定：可以对虚拟硬件模板进行不同偏好设定。

④镜像管理：编辑或删除镜像。

⑤查看服务目录。

⑥管理用户、配额及项目用途。

⑦用户管理：创建用户等。

⑧卷管理：创建卷和快照。

⑨对象存储处理：创建、删除容器和对象。

⑩为项目下载环境变量。

（2）Keystone

Keystone 为所有的 OpenStack 组件提供认证和访问策略服务，它依赖自身的 REST（基于 Identity API）系统进行工作，主要（但不限于）对 Swift、Glance、Nova 等进行认证与授权。事实上，授权是对动作消息来源者请求的合法性进行鉴定。

（3）Nova

Nova 负责创建、调度、销毁云主机。Nova 是 OpenStack 计算的弹性控制器。OpenStack 云实例生命周期所需的各种动作都由 Nova 进行处理和支撑，这就意味着 Nova 以管理平台的身份登场，负责管理整个云的计算资源、网络、授权及测度。虽然 Nova 本身并不提供任何虚拟能力，但是它可以使用 libvirt API 与虚拟机的宿主机进行交互。Nova 通过 Web 服务 API 来对外提供处理端口，而且这些端口与 Amazon 的 Web 服务端口是兼容的。

功能及特点：实例生命周期管理、计算资源管理、网络与授权管理、基于 REST 的 API、异步连续通信、支持各种宿主：Xen、XenServer/XCP、KVM、UML、VMware vSphere 及 Hyper-V。

（4）Neutron

负责实现 SDN，情景 3 中介绍的虚拟交换机就是一个例子，通过软件的方式创造一台交换机并能够进行端口、VLAN 等的配置。

（5）Cinder

Cinder 提供持久化块存储，即为云主机提供附加云盘。Cinder 存储管理主要是指虚拟机的存储管理。开源的 Sheepdog、Ceph 等，商业存储的 IBM 都支持 Cinder。未来，如果商业存储厂商都支持 Cinder，这对 OpenStack 的商业化是非常有利的。对于企业来说，使用分布式作为虚拟机的存储，并不能真正节省成本，维护一套分布式存储，成本很高。目前，虚拟机的各种高可用、备份的问题，其实都可以交给商业存储厂商来解决。

（6）Swift

Swift 是目录结构存储数据，Swift 为 OpenStack 提供一种分布式、持续虚拟对象存储，它类似于 Amazon Web Service 的 S3 简单存储服务。Swift 具有跨节点百级对象的存储能力。Swift 内建冗余和失效备援管理，能够处理归档和流媒体，特别是对大数据（千兆字节）和大容量（多对象数量）的测度非常高效。

功能及特点：海量对象存储、大文件/大对象存储、数据冗余管理、归档能力（处理大数据集）、为虚拟机和云应用提供数据容器、处理流媒体、对象安全存储、备份与归档、良好的可伸缩性。

（7）Glance

Glance 提供镜像服务，可能大家对镜像这个概念既熟悉又陌生，熟悉是因为听说过光盘镜像，陌生是因为不知道它的作用是什么。其实这个镜像的思想很早就有了，而且是中国古代四大发明之一的印刷术。北宋时期，毕昇发明活字印刷术，在这之前，使用雕刻印刷，在固定的板上雕刻文字，然后一版版印刷，耗时长很不方便。毕昇把模板中的单字解放出来，做成使用灵活的字模，然后按照要打印的书稿把字找出来，排在固定的字盘里，最后涂上墨水印刷就完成了，一举把呆板的印刷方式改造成了方便快捷的印刷方式。毕昇是世界上第一个使用活字印刷的人，这是经过中国劳动人民长期的实践和研究发明出来的一种古代印刷方法。镜像也是这个原理，把需要的数据资源做成模板，类似于活字印刷术中的字模，灵活方便，可以一直使用。在 OpenStack 中，Glance 镜像服务器是一套虚拟机镜像发现、注册、检索系统，我们可以将镜像存储到以下任意一种存储中：

①本地文件系统（默认）。

②OpenStack 对象存储。

③S3 直接存储。

④S3 对象存储（作为 S3 访问的中间渠道）。

⑤HTTP（只读）。

功能及特点：提供镜像相关服务。

Glance 构件：Glance 控制器、Glance 注册器。

（8）Ceilometer

这是实现监控和计量的组件，解决了计量，计费也就简单了。

任务实施

学习完以上知识后，我们将通过参与一款名为"代号 47"的教育游戏来进一步理解和掌握虚拟内存分配与回收的工作机制，一起行动吧！

微课

"代号47"教育游戏

1.游戏名称

代号 47。

2.游戏故事

代号 47 是中国在月球上建立的一个神奇的数据中心，用于探索宇宙奥秘。有一天，外星人登陆月球侵占了基地，并切断了所有与人类通信的设备。基地的保卫者梅长苏是月球上唯一的生存者，只有找到并开启那台虚拟机才能够向人类发出信号。故事就是从这里开始的，基地是一个 4 层楼的建筑，每一层都是迷宫，不同的地方会有灯光照下来的光影文字，按照一定的文字顺序就能通往上一层，最后找到那台虚拟机，并且虚拟机的 7 个宝物（CPU、内存、硬盘、块存储、网络、镜像、对象存储）分别藏在不同的墙体里面，只有找齐这 7 个宝物才能够启动这台设备。基地守卫森严，一旦被外星人发现就会失去生命，梅长苏需要用自己的智慧和勇气以最快的速度开启这台神秘的虚拟机，向人类发出重要信号。

3. 角色设计

（1）用户（玩家）：作为一名守卫者，具有一定的技能能对各种关卡中的对象进行攻击和自我保护，并领取相应宝物。目的是以最快的速度获取 7 个宝物，找到虚拟机并开启这台神秘的设备。

（2）外星人：每一层都会有外星人保护该楼层的安全，并对用户进行攻击，一旦碰到用户，用户就会失去生命，游戏结束，因此很考验用户的技能。

（3）积分：用于衡量用户在游戏中的智慧表现，每攻击掉一个外星人就会得到一定的积分，同时速度是衡量积分的一种方式，越快完成任务越能够获得更多的积分。

4. 游戏关卡设计

第 1 关：用户走进基地第 1 层迷宫，通过游戏攻略图找到迷宫出口，在道路上与外星人生死搏斗，采集到网络宝物并走到出口，成功通关可以进入上一层。在行走过程中，遇到砖瓦墙可以投放炸弹进行破坏，并可以消灭周围 1 格子范围内的外星人，若遇到外星人会失去生命，游戏结束。

第 2 关：用户走进基地第 2 层迷宫，通过游戏攻略图找到迷宫出口，在道路上与外星人生死搏斗，采集到块存储宝物并走到出口，成功通关可以进入上一层。在行走过程中，遇到砖瓦墙可以投放炸弹进行破坏，并可以消灭周围 1 格子范围内的外星人，若遇到外星人会失去生命，游戏结束。

第 3 关：用户走进基地第 3 层迷宫，通过游戏攻略图找到迷宫出口，在道路上与外星人生死搏斗，采集到镜像和对象存储 2 个宝物并走到出口，成功通关可以进入上一层。在行走过程中，遇到砖瓦墙可以投放炸弹进行破坏，并可以消灭周围 1 格子范围内的外星人，若遇到外星人会失去生命，游戏结束。

第 4 关：用户走进基地第 4 层迷宫，通过游戏攻略图找到通往虚拟机的道路，在道路上与外星人生死搏斗，采集到 CPU、内存、硬盘 3 个宝物并把它们放到虚拟机上面，然后单击虚拟机开关成功启动设备，游戏通关。在行走过程中，遇到砖瓦墙可以投放炸弹进行破坏，并可以消灭周围 1 格子范围内的外星人，若遇到外星人会失去生命，游戏结束。

5. 胜负判断及计分规则

（1）积分初始为 0，用炸弹攻击掉一个外星人奖励 20 个积分；领取一个宝物的碎片奖励 10 个积分，获取整个宝物再奖励 10 个积分。

（2）用户遇到外星人会失去生命，用户失败，该层楼的积分计为0，并退出游戏。

（3）用户在每一层到达目的地的时间用秒进行计算，积分基数为1 000分，时间与积分的关系是1 000－10×用时（秒）。

（4）当用户被自己的炸弹炸中后，直接失去生命，退出游戏。

6.宝物介绍

（1）CPU（略）。

（2）内存（略）。

（3）硬盘（略）。

（4）镜像（略）。

（5）网络（略）。

（6）对象存储：具备块存储的高速以及文件存储的共享等特性，较为智能，有自己的 CPU、内存、网络和磁盘，比块存储和文件存储更高级，云服务商一般提供用户文件上传下载读取的 Rest API，方便应用集成此类服务。

（7）块存储：跟硬盘一样，可直接挂载到主机，一般用于主机的直接存储空间和数据库应用（如：mysql）的存储，分2种形式：

①DAS：一台服务器一个存储，多机无法直接共享，若要共享需要借助操作系统的功能，如共享文件夹；

②SAN：金融电信级别，高成本的存储方式，涉及光纤和各类高端设备，可靠性和性能都很高，除了贵和运维成本高的缺点之外，基本都是优势。

云存储的块存储：具备 SAN 的优势，而且成本低，不用自己运维，且提供弹性扩容，随意搭配不同等级的存储等功能，存储介质可选普通硬盘和 SSD。

7.光影文字

（1）Horizon（见前面介绍）。

（2）Keystone（见前面介绍）。

（3）Nova（见前面介绍）。

（4）Neutron（见前面介绍）。

（5）Cinder（见前面介绍）。

（6）Swift（见前面介绍）。

（7）Glance（见前面介绍）。

（8）Ceilometer（见前面介绍）。

8.游戏地图设计

如图 6-9 所示为 1 楼的地图设计。

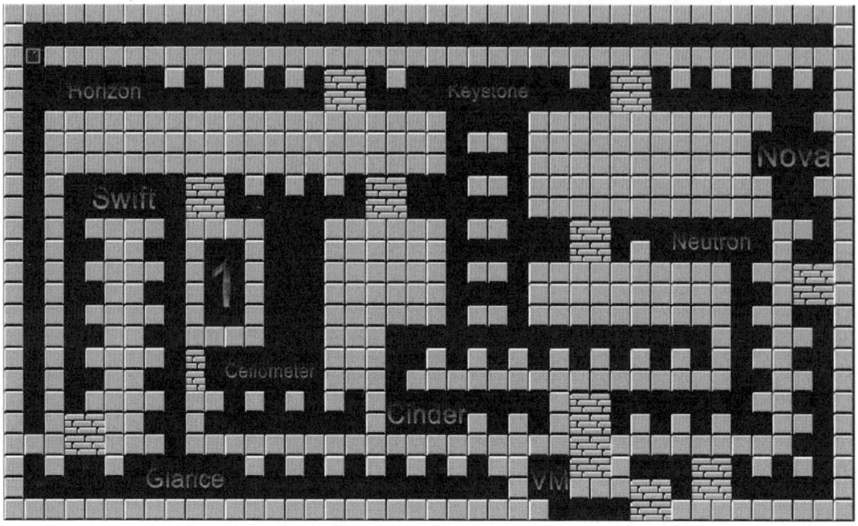

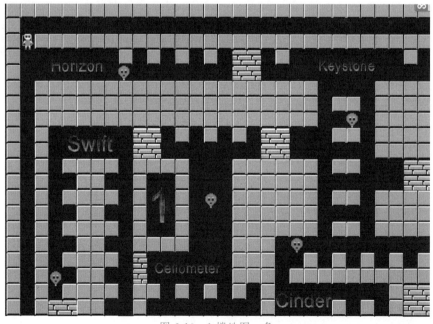

图 6-9　1 楼地图

9.游戏详细介绍

（1）主界面

游戏包括 4 层,如图 6-10 所示为 1 楼的主界面视图,如图 6-11 所示为 2 楼的主界面视图。

图 6-10　1 楼地图一角

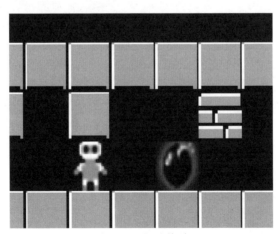

图 6-11　2 楼地图一角

（2）投放炸弹（按 B 键）

用户可以通过按 B 键投放炸弹，效果如图 6-12 所示。

图 6-12　投放炸弹

（3）碰到外星人

如果用户碰到外星人直接退出游戏，如图 6-13 所示。

图 6-13　碰到外星人直接退出游戏

（4）寻找宝物（按 B 键炸毁相应墙砖）

用户在寻找宝物时可以运用炸毁墙砖的技能，如图 6-14 所示。

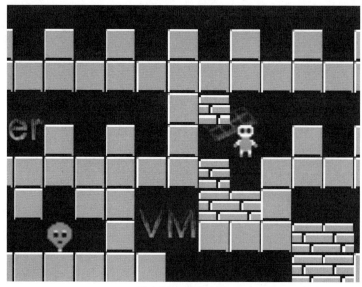

图 6-14　寻找宝物

（5）收集宝物碎片（按 P 键）

用户可以通过按 P 键收集宝物碎片，如图 6-15 所示。

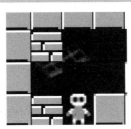

图 6-15　收集宝物碎片

（6）到达楼层目的地

用户如果完成任务，则有 gogo 语音消息提示，然后进入下一层，如图 6-16 所示。

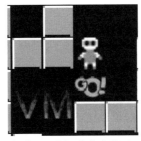

图 6-16　走到 Go 图标游戏会播放 gogo 声音

（7）未到达楼层目的地

用户如果在楼层中完成一些任务，但是由于中途失败，系统会终止游戏并弹出积分，如图 6-17 所示。

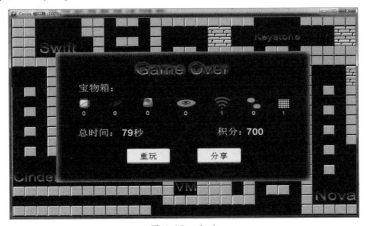

图 6-17　积分

10. 参与游戏

用户在了解操作规则后参与游戏。

任务 6.2 搭建 OpenStack 平台

任务描述

通过小云的悉心讲解以及观看视频和参与游戏，空空已经对云计算的概念、服务模式和 OpenStack 的架构以及核心组件有了一定的认识和理解，因此小云觉得有必要让空空尽快学会 OpenStack 平台的安装与部署方法，使其能尽快实践 OpenStack 的基本架构。为了帮助空空完成 OpenStack 云计算平台的安装，小云为他制订了以下工作任务内容：首先在 VMwareWorkstation 12 PRO 中安装 CentOS7 操作系统，然后通过 packstack 工具包在单节点上一键安装 OpenStack 平台。

任务分析

OpenStack 平台一般选择在 CentOS7 或者 Ubuntu 上进行安装，为了用户体验和实验测试，本次 OpenStack 选择采用 packstack 工具在单个节点上进行一键部署。

首先，在安装前需要提前安装好 CentOS7（本次实验的操作系统），并设置好 IP 地址为 192.168.1.200，网络连接方式采用桥接或 NAT 方式均可，只要保证能够与实体机相互访问和外部外网连接即可。

其次，还要在 CentOS7 安装好后做一些基础工作，如关闭防火墙，重新设置 yum 源，建议还是采用国内的 yum 源，我们选择了阿里云镜像源作为安装 OpenStack 的首选 yum 源。

最后，按照 RDO 官方网站（https://www.rdoproject.org/）在 CentOS7 上安装 OpenStack 平台，因为是单节点，所以对服务器的性能要求比较高，虽然官方写着最低内存要求是 16 GB，但是在实际教学环境中很难达到这个要求，经团队测试在实体机内存为 8 GB 的计算机上也可以完成安装和部署。

相关知识

1. OpenStack 的版本

自 2010 年 10 月发布第一个版本 Austin 以来，OpenStack 基本都是以每六个月发布一个新版本的节奏快速迭代，其发布的名称首字母按照 ABCD 的顺序命名（Austin，Bexar，Cactus，Diablo，Essex，Folsom，etc.），截至 2022 年 10 月，OpenStack 的第 26 个版本 Zed 版本已发布，每个版本都在原有的基础上进行了某些方面的改进，比如缺陷修复、功能扩展、性能提升等。OpenStack 后续新版本的命名将重新回归首字母 A，并且版本命名中包含发行年份，例如，OpenStack 第 27 版被命名为 2023.1 Antelope。具体的版本在 OpenStack 官方网站 https://releases.openstack.org/ 上可查询。OpenStack 的 train 版本是目前支持 CentOS 7 操作系统的最后一个版本,后续版本将在 CentOS 8 操作系统上运行。在实验中我们会用到 OpenStack 的 train 版本,该版本具有很多新功能和改进,稳定性也比较好。

2. OpenStack 安装部署方式

OpenStack 是一个由多个组件组合的云计算管理平台,用户可以根据业务需求选择不同的安装部署方式。OpenStack 支持部署在多个主流的 Linux 系统中,如 CentOS、openSUSE、Ubuntu 等。此外,OpenStack 架构也很灵活,除了核心组件外,还有很多可选组件,例如,提供文件存储服务的组件 Manila,提供容器管理服务的组件 Zun 等。

OpenStack 可以根据集群规模分为单节点部署、双节点部署和多节点部署,其中单节点部署是将 OpenStack 组件部署在一台服务器上,双节点部署是将 OpenStack 组件部署在控制节点和计算节点两台服务器上,多节点部署是将 OpenStack 的组件分布式部署在不同的服务器上,如分开部署控制节点、计算节点、网络节点和存储节点等,使集群协同提供云计算服务。在实验环境中我们推荐单节点部署,在企业生产环境中我们推荐多节点部署以提供更高效的服务。

鉴于 OpenStack 组件灵活、架构庞大、配置较多,其安装部署过程较为复杂。OpenStack 社区为解决这个问题,涌现出了多种自动化安装部署工具。其中,一键 all-in-one 部署方式较受欢迎,当然也可以选择使用 Ansible 工具安装或者手动部署安装。我们简单介绍一下这几种安装方式。

(1)使用 RDO(packstack)工具搭建 OpenStack 平台。RDO 是由红帽公司开发的使用 rpm 包自动化部署 OpenStack 的工具,但是 RDO 只支持 CentOS 操作系统的部署。

(2)使用 DevStack 工具搭建 OpenStack 平台。DevStack 是通过执行 shell 脚本来下载编译源码包的方式安装 OpenStack 环境的,支持 Debian、CentOS 等多种主流的 Linux 操作系统。

(3)使用 Ansible 工具搭建 OpenStack 平台。Ansible 是目前主流的自动化部署配置管理工具,实现了批量系统配置、批量部署、批量运行命令等功能。用 Ansbile 工具编写执行部署 OpenStack 的 PlayBook 剧本,即可完成批量部署 OpenStack 平台的各节点。

(4)使用手动部署方式搭建 OpenStack 平台。手动部署方式需要掌握 OpenStack 的底层架构、支撑组件、基础组件以及组件之间的依赖关系,明确各软件、各组件的部署顺序和配置等。学习者可以参考官方网站提供的安装指南 https://docs.openstack.org/install-guide/手动部署单节点 OpenStack 平台。

还可以使用 Puppet、SaltStack、TripleO、Fuel 等自动化工具安装 OpenStack 平台。但是对于新手,我们建议使用 RDO 方式安装 OpenStack 平台。在实验环境中,我们将使用 RDO 方式在单节点服务器上搭建 OpenStack 平台。

任务实施

学习完以上知识后,我们赶紧动手搭建 OpenStack 平台吧! 以下是参考 RDO 官方网站实施的安装过程。

在 VMware workstation 软件上创建一台虚拟机,硬件配置如下:CPU 为 4 核,支持虚拟化,内存为 8 GB,硬盘为 100 GB,网络为桥接方式,可以连通外网。虚拟机配置如图 6-18 所示。

虚拟机创建完毕后,在其上最小化安装 CentOS 7.5 版本及以上的操作系统,时区选择 Asia/Shanghai。

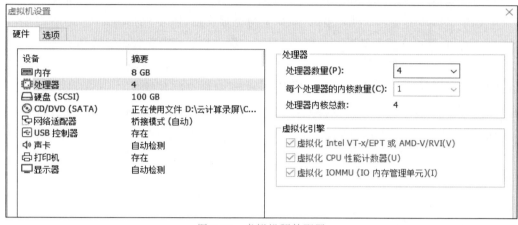

图 6-18 虚拟机硬件配置

1. 基础环境配置

基础环境的配置括网卡信息、防火墙、SELinux、修改主机名、时间同步、免密登录等配置。

```
//配置网卡地址
[root@localhost ~]# vi /etc/sysconfig/network-scripts/ifcfg-ens33
TYPE=Ethernet
...
BOOTPROTO=static
...
ONBOOT=yes
IPADDR=192.168.1.200
PREFIX=24
GATEWAY=192.168.1.254
DNS1=8.8.8.8
[root@localhost ~]# systemctl restart network      //重启网络服务
[root@localhost ~]# ip addr         //查看 IP 地址是否配置成功
//验证可以 ping 通外
[root@localhost ~]# ping 8.8.8.8
//关闭防火墙
[root@localhost ~]# systemctl stop firewalld
[root@localhost ~]# systemctl disable firewalld
//关闭 SELinux
```

```
[root@localhost ~]# vi /etc/selinux/config
SELINUX=disabled
[root@localhost ~]# setenforce 0
[root@localhost ~]# getenforce
//关闭网络管理服务
[root@localhost ~]# systemctl stop NetworkManager
[root@localhost ~]# systemctl disable NetworkManager
//安装必要的软件工具
[root@localhost ~]# yum install -y vim net-tools yum-utils bash-completion wget ntp ntpdate
//确认时钟同步
[root@localhost ~]# ntpdate ntp1.aliyun.com
[root@localhost ~]# date
//修改主机名
[root@localhost ~]# hostnamectl set-hostname openstack
[root@localhost ~]# bash
[root@openstack ~]# echo "192.168.1.200 openstack" >> /etc/hosts
[root@openstack ~]# ping openstack
//设置免密登录
[root@openstack ~]# ssh-keygen
[root@openstack ~]# ssh-copy-id root@192.168.1.200
```

2. yum 源设置

这里建议采用国内的 yum 源,我们选择了阿里云的镜像源作为安装 OpenStack 的首选 yum 源。

```
[root@openstack~]# cd /etc/yum.repos.d/
//备份文件
[root@openstack yum.repos.d]# mkdir bak
[root@openstack yum.repos.d]# mv *.repo bak/
//下载阿里云镜像源
[root@openstack yum.repos.d]# curl -o /etc/yum.repos.d/CentOS-Base.repo
http://mirrors.aliyun.com/repo/Centos-7.repo
//更新 yum 缓存
[root@openstack yum.repos.d]# yum clean all
[root@openstack yum.repos.d]# yum repolist
```

3. 内核版本升级

如果 Linux 内核版本太低,则需要更新内核。

```
//更新 Linux 内核版本
[root@openstack ~]# yum update -y
[root@openstack ~]# reboot
//查看 Linux 内核版本
[root@openstack ~]# cat /etc/redhat-release
```

4. 安装 OpenStack-train 存储库

［root@openstack ～］# yum -y install centos-release-openstack-train

［root@openstack ～］# yum clean all

［root@openstack ～］# yum repolist

5. 安装 openstack-packstack 工具

［root@openstack ～］# yum install -y openstack-packstack

6. 通过 packstack 一键安装 OpenStack

［root@openstack ～］# packstack --allinone

安装 OpenStack 的过程有点久，因为有很多包需要下载和安装。OpenStack 安装成功后，可以看到 OpenStack 中的核心组件都被列了出来，如 Keystone、Glance、Cinder、Nova、Neutron、Horizon、Swift、Ceilometer 等。OpenStack 安装成功界面如图 6-19 所示。

```
Installing:
Clean Up                                                      [ DONE ]
Discovering ip protocol version                               [ DONE ]
Setting up ssh keys                                           [ DONE ]
Preparing servers                                             [ DONE ]
Pre installing Puppet and discovering hosts' details          [ DONE ]
Preparing pre-install entries                                 [ DONE ]
Setting up CACERT                                             [ DONE ]
Preparing AMQP entries                                        [ DONE ]
Preparing MariaDB entries                                     [ DONE ]
Fixing Keystone LDAP config parameters to be undef if empty[ DONE ]
Preparing Keystone entries                                    [ DONE ]
Preparing Glance entries                                      [ DONE ]
Checking if the Cinder server has a cinder-volumes vg[ DONE ]
Preparing Cinder entries                                      [ DONE ]
Preparing Nova API entries                                    [ DONE ]
Creating ssh keys for Nova migration                          [ DONE ]
Gathering ssh host keys for Nova migration                    [ DONE ]
Preparing Nova Compute entries                                [ DONE ]
Preparing Nova Scheduler entries                              [ DONE ]
Preparing Nova VNC Proxy entries                              [ DONE ]
Preparing OpenStack Network-related Nova entries              [ DONE ]
Preparing Nova Common entries                                 [ DONE ]
Preparing Neutron API entries                                 [ DONE ]
Preparing Neutron L3 entries                                  [ DONE ]
Preparing Neutron L2 Agent entries                            [ DONE ]
Preparing Neutron DHCP Agent entries                          [ DONE ]
Preparing Neutron Metering Agent entries                      [ DONE ]
Checking if NetworkManager is enabled and running             [ DONE ]
Preparing OpenStack Client entries                            [ DONE ]
Preparing Horizon entries                                     [ DONE ]
Preparing Swift builder entries                               [ DONE ]
Preparing Swift proxy entries                                 [ DONE ]
Preparing Swift storage entries                               [ DONE ]
Preparing Gnocchi entries                                     [ DONE ]
Preparing Redis entries                                       [ DONE ]
Preparing Ceilometer entries                                  [ DONE ]
Preparing Aodh entries                                        [ DONE ]
Preparing Puppet manifests                                    [ DONE ]
Copying Puppet modules and manifests                          [ DONE ]
Applying 192.168.181.100_controller.pp
192.168.181.100_controller.pp:                                [ DONE ]
Applying 192.168.181.100_network.pp
192.168.181.100_network.pp:                                   [ DONE ]
Applying 192.168.181.100_compute.pp
192.168.181.100_compute.pp:                                   [ DONE ]
Applying Puppet manifests                                     [ DONE ]
Finalizing                                                    [ DONE ]

 **** Installation completed successfully ******
```

图 6-19　OpenStack 安装成功界面

任务 6.3　图形化操作 OpenStack

任务描述

在小云的帮助和指导下,空空顺利安装了 OpenStack,也对 CentOS 的一些常用命令和 OpenStack 的 PackStack 一键安装过程有了一定的认识和理解,虽然看到 OpenStack 的大门,但门后面的世界究竟有多精彩也让空空很好奇。为此,小云将继续帮助空空熟悉 OpenStack 平台的一些概念、核心组件和各组件之间的依赖关系。为了帮助空空能对 OpenStack 创建云主机有个直观的认识,小云建议空空先在 OpenStack 平台的 Web 图形化界面上操作配置。所以小云为他制订了以下工作任务内容:首先登录到 OpenStack 的 Web 图形化界面;然后,在 Web 界面上创建镜像、网络和云主机实例;最后,在 Web 界面上创建卷存储并挂载到云主机实例上。

任务分析

OpenStack 项目有很多组件,用户可以根据业务需求灵活使用。空空通过 packstack 工具一键部署好 OpenStack 平台后,我们可以看到他部署了 Horizon 组件。Horizon 组件是负责图形化界面访问的,所以空空可以通过 URL 地址登录到 OpenStack 的界面。登录完成后,空空想要创建一台云主机实例,但是根据在阿里云创建云主机的经验,空空意识到需要选择云主机的实例规格、操作系统和网络等,才能创建云主机。那么接下来我们就看一下如何在 OpenStack 的图形化界面上创建镜像、网络和云主机实例吧。

相关知识

1. OpenStack 访问方式

OpenStack 平台有多种访问方式,用户可以通过 Web 图形化界面登录 OpenStack,也可以使用命令行来操作 OpenStack,甚至还可以通过 Python 等程序语言调用 OpenStack 的 API 接口访问 OpenStack。对于入门学习者,建议先通过 Web 图形化界面访问方式操作 OpenStack 的组件,包括创建、查看、修改、删除等操作,这样可以直观地认识 OpenStack 组件创建时需要的参数等。对于进阶学习者,可以通过命令行的方式操作 OpenStack 的组件,重点在于命令的记忆和使用。对于高级学习者,可以使用 OpenStack 调用 API 的方式,对 OpenStack 平台做二次开发和改进。

2. 镜像管理

Glance 是 OpenStack 提供镜像服务的核心组件。Glance 的功能是为云主机提供系统镜像,并对镜像进行管理,包括创建、编辑、查看和删除镜像等。镜像的创建方式有多种,可以直接上传镜像文件,也可以从已存在的虚拟机中创建,还可以从系统盘中创建。

镜像是以文件的形式进行存储的,镜像存储时需要明确磁盘格式和容器格式。其中磁盘格式（Disk Format）是指镜像文件的存储格式，见表 6-1。

表 6-1　　　　　　　　　　　　　镜像文件的磁盘格式

格式类型	描述说明
RAW	无结构的磁盘格式
ISO	光盘镜像格式
QCOW2	QEMU 支持的磁盘格式，是 OpenStack 的常用磁盘格式
VDI	VirtualBox 和 QEMU 支持的虚拟磁盘格式
VHD、VMDK	适用于 VMware、VirtualBox 的虚拟机磁盘格式
AKI、AMI、ARI	亚马逊 Amazon 云支持的磁盘格式

容器格式（Container Format）是指镜像元数据的存放方式，见表 6-2。

表 6-2　　　　　　　　　　　　　镜像文件的容器格式

格式类型	描述说明
bare	没有容器的镜像元数据格式，OpenStack 常用容器格式
ovf	开放虚拟化格式
ova	开放虚拟化设备

将手动创建好的虚拟机安装好操作系统和应用软件后，就可以拍摄快照，这就得到一个镜像。利用镜像创建新的虚拟机，那么新的虚拟机就会有已安装好的系统和应用软件，可以直接使用。这对于批量创建虚拟机极为高效。

3. 网络管理

Neturon 是 OpenStack 提供网络服务的核心组件。Neurton 的功能是为云主机之间通信提供虚拟网络环境，包括 IP 地址分配、二层交换和三层路由等，并对网络进行管理，包括虚拟网络设备的创建、配置等。Neutron 创建并管理的虚拟网络设备包括网桥、网络、子网、端口等，见表 6-3。

表 6-3　　　　　　　　　　　　　虚拟网络设备

虚拟网络设备	描述说明
网络（Network）	隔离的二层网段，相当于一个虚拟局域网 VLAN
子网（Subnet）	一个 IPv4 或 IPv6 地址段。用于给云主机分配 IP 地址
端口（Port）	相当于虚拟交换机上的一个端口，定义了 MAC 和 IP

Neutron 支持多种虚拟网络拓扑结构，可以提供不同的网络功能，见表 6-4。

表 6-4　　　　　　　　　　　　　虚拟网络模型

网络模式	描述说明
Flat 网络模式	扁平网络模式，所有云主机的 IP 地址处于同一网段
VLAN 网络模式	虚拟局域网，将云主机划分属于不同的 VLAN
VXLAN 网络模式	虚拟扩展局域网
GRE 网络模式	通用路由封装

4.云主机管理

Nova 是 OpenStack 提供计算服务的核心组件。Nova 的功能是提供虚拟的云主机，用户可以像使用本地计算机一样对云主机进行管理，包括创建、启动、停止、删除云主机实例等。云主机实例创建之前，我们需要明确云主机的实例类型、操作系统、网络环境、安全组等。其中，实例类型类似硬件配置规格模板，见表 6-5。安全组类似虚拟防火墙，对包进行过滤。实例的创建需要依赖其他组件。其中，Glance 组件提供镜像，Cinder 组件提供块存储、Neutron 组件提供网络环境。

表 6-5　　　　　　　　　　OpenStack 平台 train 版本实例规格

实例规格	虚拟 CPU 内核	内存	硬盘
m1. tiny	1	512 MB	1 GB
m1. small	1	2 GB	20 GB
m1. medium	2	4 GB	40 GB
m1. large	4	8 GB	80 GB
m1. xlarge	8	16 GB	160 GB

5.卷管理

Cinder 是 OpenStack 提供块存储服务的核心组件。Cinder 的功能是为云主机实例提供磁盘管理服务，包括磁盘的创建、挂载、卸载、删除、快照等操作。需要注意的是，云主机实例创建好之后，会自动生成一个磁盘作为系统盘。

在 Cinder 组件创建好磁盘后，需要连接到相应的云主机实例上才可以使用。当磁盘需要删除时，需要先从云主机实例上分离，才能删除磁盘。

任务实施

1. OpenStack 图形化界面登录

OpenStack 平台安装完成后，在浏览器输入地址 http://192.168.1.200/dashboard，再按下回车键，出现如图 6-20 所示的登录页面，需要输入用户名和密码。

图 6-20　OpenStack Web 登录界面

查看用户名和密码信息，需要登录到 Linux 命令行界面，执行如下命令：

看到如图 6-21 所示，可以看到 OS_USERNAME 的值是用户名，OS_PASSWORD 的值是密码。

```
[root@openstack ~]# cat keystonerc_admin
unset OS_SERVICE_TOKEN
    export OS_USERNAME=admin
    export OS_PASSWORD='34430fee9dc14c87'
    export OS_REGION_NAME=RegionOne
    export OS_AUTH_URL=http://192.168.181.100:5000/v3
    export PS1='[\u@\h \W(keystone_admin)]\$ '

export OS_PROJECT_NAME=admin
export OS_USER_DOMAIN_NAME=Default
export OS_PROJECT_DOMAIN_NAME=Default
export OS_IDENTITY_API_VERSION=3
```

图 6-21　OpenStack 用户信息

将用户名和密码输入 dashbaord 的登录页面，单击"登入"按钮，即进入 OpenStack 首页，如图 6-22 所示。

图 6-22　OpenStack 首页

2. 图形化配置镜像

在 OpenStack 首页的导航栏，依次打开"项目"→"计算"→"镜像"，单击"创建镜像"，输入镜像名称"test_mirror1"，镜像源选择文件上传，镜像格式选择 QCOW2，其他选项保存默认，单击"创建镜像"按钮，如图 6-23 所示。

镜像创建成功后，可以在镜像列表中看到该镜像，镜像的状态是运行中。

图 6-23 创建镜像

3.图形化配置网络

在 OpenStack 首页的导航栏,依次打开"项目"→"网络"→"网络",单击"创建网络",输入网络名称"test_network1",单击"下一步"按钮,如图 6-24 所示。

图 6-24 配置网络

进入子网配置页面,输入子网名称、网段地址、网关 IP,单击"下一步"按钮,如图 6-25 所示。

图 6-25　配置子网

进入子网详情配置页面,勾选"激活 DHCP",输入 DNS 服务器 IP 地址,单击"创建"按钮,如图 6-26 所示。

图 6-26　配置子网详情

网络创建成功后,可以在网络列表中看到该网络,网络的状态是运行中。

4.图形化配置云主机

在 OpenStack 首页的导航栏,依次打开"项目"→"计算"→"实例",单击"创建实例"按钮,输入实例名称"test_host1",数量为 1 台,单击"下一步"按钮,如图 6-27 所示。

图 6-27　创建实例

进入镜像源配置页,源类型选择"Image",选择镜像源"test_mirror1",单击"下一步"按钮,如图 6-28 所示。

图 6-28　实例镜像源配置

进入实例类型配置页面,选择"m1.tiny"类型,单击"下一步"按钮,如图6-29所示。

图 6-29　实例类型配置

进入网络配置页面,选择"test_network1",单击"下一步"按钮,如图6-30所示。

图 6-30　实例网络配置

进入安全组页面,确认安全组选择"default",其他功能页面保存默认,单击"创建实例"按钮,如图6-31所示。

图 6-31　实例安全组配置

云主机实例创建成功后，可以在实例列表查看实例，状态是运行中，如图 6-32 所示。

图 6-32　云主机实例列表

单击实例名称"test_host1"链接，进入实例详情页，单击"控制台"标签页，单击"Send CtrlAltDel"即可进入实例命令行交互界面，如图 6-33 所示。

图 6-33　实例命令行交互界面

5.图形化配置云硬盘

在 OpenStack 首页的导航栏,依次打开"项目"→"卷"→"卷",单击"创建卷"按钮,输入卷名称"test_disk1",大小为 1 GB,其他选项保持默认,单击"下一步"按钮,如图 6-34 所示。

图 6-34　创建卷

创建好卷之后,单击卷列表右侧的"编辑卷"按钮,单击"管理连接"按钮,连接到云主机实例,如图 6-35 所示。

图 6-35　云硬盘连接到实例

需要注意的是,磁盘在连接主机前的状态是"可用",连接主机后的状态是"正在使用",如果需要删除磁盘,需要在"可用"状态下操作。如图 6-36 所示是云硬盘列表,其中一个是系统盘,另一个是数据盘。

□ 名称	描述	大小	状态	组	类型	连接到	可用域	可启动	加密的	动作
□ test_disk1	-	1GiB	正在使用	-	iscsi	test_host1 上的 /dev/vdb	nova	No	不	编辑卷 ▼
□ 26e142fd-17ad-459e-8e70-daf67e88c253	-	1GiB	正在使用	-	iscsi	test_host1 上的 /dev/vda	nova	Yes	不	编辑卷 ▼

图 6-36　云硬盘列表

6.图形化删除操作

在 OpenStack 平台上删除组件是逆向操作。第一步是删除卷,将卷和云主机实例进行"分离卷"操作后再删除卷;第二步是删除云主机实例;第三步是删除网络;第四步是删除镜像。

任务 6.4　命令行操作 OpenStack

任务描述

在 OpenStack 平台的 Web 图形化界面上操作配置了云主机实例后,空空觉得图形化的界面配置对于批量创建云主机来说效率有点低。他在想有没有方法可以快速批量地创建云主机呢? 带着这个问题,空空去请教了小云。小云告诉空空,其实 OpenStack 平台也支持命令行操作哦。小云为他制订了以下工作任务内容:首先登录到 OpenStack 的命令行界面;然后,使用 OpenStack 的组件命令去创建镜像、网络和云主机实例;最后,使用命令创建卷存储并挂载到云主机实例上。

任务分析

空空在 OpenStack 图形化界面上配置了各组件后,对各组件的创建和依赖关系有了直观的认识。接下来他要登录到 OpenStack 的后端,使用 OpenStack 的命令来操作组件。空空通过学习了解到,OpenStack 命令除了以 openstack 开头的本身的命令外,还有组件命令,所以使用命令行操作组件有多种命令方式。那接下来我们看一下如何通过命令行的方式来创建镜像、网络和云主机实例吧。

相关知识

1.OpenStack 命令

OpenStack 平台提供两种命令访问方式,一种是 openstack 命令,另外一种是组件命令。以查看组件列表为例,大家来比较两种命令的不同,见表 6-6。

表 6-6　　　　　　　　　　　　openstack 命令和组件命令

功能	openstack 命令	组件命令
查看镜像列表	openstack image list	glance image-list
查看网络列表	openstack network list	neutron net-list
查看云主机列表	openstack server list	nova list
查看卷列表	openstack volume list	cinder list

接下来,我们重点学习组件命令。每个组件的命令都有 help、list、show、create、delete 等常规命令。组件的命令比较多,以 Glance 组件为例,我们可以使用 glance help 命令查看帮助文档,此外还可以通过管道形式 glance help │grep show 根据关键字检索查看镜像详情的完整命令,如图 6-37 所示。

```
[root@openstack ~]# glance help | grep show
    image-show              Describe a specific image.
    md-namespace-show       Describe a specific metadata definitions namespace.
    md-object-property-show
    md-object-show          Describe a specific metadata definitions object inside
    md-property-show        Describe a specific metadata definitions property
    md-tag-show             Describe a specific metadata definitions tag inside a
    task-show               Describe a specific task.
    --version               show program's version number and exit
```

图 6-37　帮助命令

同样,我们可以使用 glance help image-show 查看镜像详情的命令使用,如图 6-38 所示。

```
[root@openstack ~]# glance help image-show
usage: glance image-show [--human-readable] [--max-column-width <integer>]
                         <IMAGE_ID>

Describe a specific image.

Positional arguments:
  <IMAGE_ID>              ID of image to describe.

Optional arguments:
  --human-readable        Print image size in a human-friendly format.
  --max-column-width <integer>
                          The max column width of the printed table.
```

图 6-38　命令使用方法

OpenStack 的其他组件的命令也可以通过这样的方式检索使用方法。

2. Glance 组件命令

在 Web 图形化界面创建镜像时,需要镜像名称、镜像文件、磁盘格式等选项,那么我们使用 Glance 组件命令创建时也需要这些选项。镜像创建命令如下:

glance image-create [options]

其中,Glance 在创建镜像时,常用选项见表 6-7。

表 6-7　　　　　　　　　　　　　　**Glance 创建命令常用选项**

选项	描述
--name	镜像名称
--file	镜像文件路径
--disk-format	磁盘格式
--container-format	容器格式
--progress	显示进度

查看镜像列表命令：

```
glance image-list
```

查看镜像详情命令：

```
glance image-show <ID>
```

3. Neutron 组件命令

在 Web 图形化界面创建网络时，需要网络名称等选项，在该网络下创建子网，需要子网名称、网段地址、IP 版本号、网关等选项。那么我们使用 Neutron 组件命令创建时也需要这些选项。

Neutron 创建网络的命令为：

```
neutron net-create net-name
```

Neutron 创建子网的命令为：

```
neutron subnet-create subnet-name [options] net-name
```

其中，Neutron 在创建子网时，常用选项见表 6-8。

表 6-8　　　　　　　　　　　　　　**Neutron 创建命令常用选项**

选项	描述
--name	子网名称
--gateway	子网网关
--dns-nameserver	DNS 服务器地址

查看网络和子网列表命令：

```
neutron net-list
neutron subnet-list
```

查看网络和子网详情命令：

```
neutron net-show <ID>
neutron subnet-show <ID>
```

4. Nova 组件命令

在 Web 图形化界面创建云主机实例时，需要实例名称、实例数量、镜像源、实例类型、网络环境等选项。那么我们使用 Nova 组件命令创建时也需要这些选项。Nova 创建云主机实例的命令为：

```
nova boot [options] name
```

其中，Nova 创建云主机实例时，常用选项见表 6-9。

表 6-9　　　　　　　　　　Nova 创建命令常用选项

选项	描述
--flavor	实例类型
--image	镜像名称
--nic	网络名称或 ID
--security-groups	安全组

查看云主机列表命令：

nova list

查看云主机详情命令：

nova show ＜ID＞

5. Cinder 组件命令

在 Web 图形化界面创建卷时,需要卷名称、大小等选项,并连接到云主机,那么使用 Cinder 组件命令创建时也需要这些选项。Cinder 创建卷的命令为：

cinder create [options]

其中,Cinder 在创建卷时,常用选项见表 6-10。

表 6-10　　　　　　　　　　Cinder 创建命令常用选项

选项	描述
--name	磁盘名称
size	磁盘大小,默认单位是 GB

查看卷列表命令：

cinder list

查看卷详情命令：

cinder show ＜ID＞

连接云主机实例命令：

nova volume-attach ＜server＞ ＜volume＞

任务实施

1. OpenStack 命令行

OpenStack 在创建用户时,根据其角色和分配的权限,这个用户就会有相应的权限。登录 Linux 的命令行界面后,需要执行如下命令才会获得 admin 这个用户的权限。命令如下：

[root@openstack ～]# source keystonerc_admin

2. glance 命令创建镜像

在/root 目录下上传镜像文件 cirros-0.3.3-x86_64-disk.img,执行如下命令创建名称为 testjx1 的镜像,命令如下：

[root@openstack ～(keystone_admin)]# glance image-create --name testjx1 --file /root/cirros-0.3.3-x86_64-disk.img --disk-format qcow2 --container-format bare --progress

创建成功后,如图 6-39 所示。其中 id 为 testjx1 镜像的 ID。

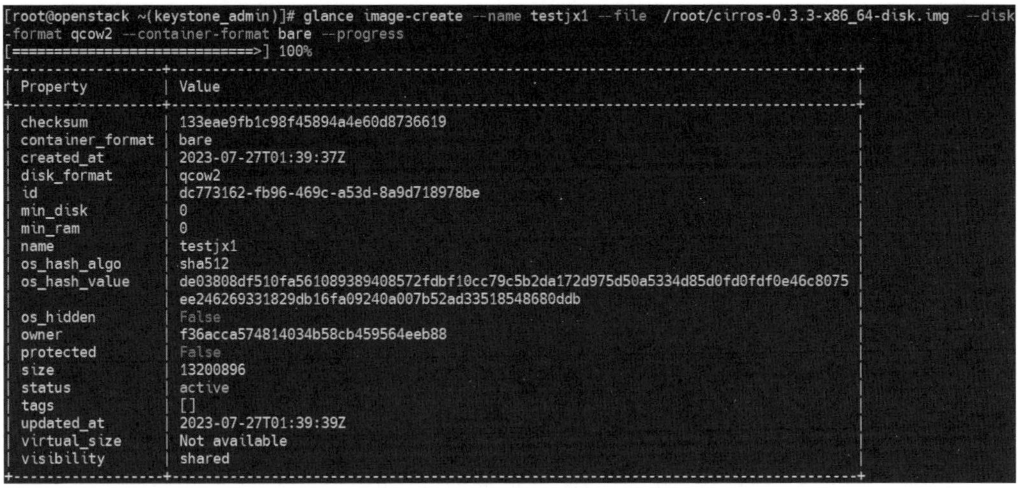

```
[root@openstack ~(keystone_admin)]# glance image-create --name testjx1 --file /root/cirros-0.3.3-x86_64-disk.img --disk
-format qcow2 --container-format bare --progress
[===========================>] 100%
+------------------+--------------------------------------------------------------------------------+
| Property         | Value                                                                          |
+------------------+--------------------------------------------------------------------------------+
| checksum         | 133eae9fb1c98f45894a4e60d8736619                                               |
| container_format | bare                                                                           |
| created_at       | 2023-07-27T01:39:37Z                                                           |
| disk_format      | qcow2                                                                          |
| id               | dc773162-fb96-469c-a53d-8a9d718978be                                           |
| min_disk         | 0                                                                              |
| min_ram          | 0                                                                              |
| name             | testjx1                                                                        |
| os_hash_algo     | sha512                                                                         |
| os_hash_value    | de03808df510fa561089389408572fdbf10cc79c5b2da172d975d50a5334d85d0fd0fdf0e46c8075 |
|                  | ee246269331829db16fa09240a007b52ad33518548680ddb                               |
| os_hidden        | False                                                                          |
| owner            | f36acca574814034b58cb459564eeb88                                               |
| protected        | False                                                                          |
| size             | 13200896                                                                       |
| status           | active                                                                         |
| tags             | []                                                                             |
| updated_at       | 2023-07-27T01:39:39Z                                                           |
| virtual_size     | Not available                                                                  |
| visibility       | shared                                                                         |
+------------------+--------------------------------------------------------------------------------+
```

图 6-39　命令行创建镜像

使用如下命令可以查询镜像列表和镜像详情。

[root@openstack ~(keystone_admin)]# glance image-list

[root@openstack ~(keystone_admin)]# glance image-show dc773162-fb96-469c-a53d-8a9d718978be

3. neutron 命令创建网络

使用 neutron 命令创建网络,先创建网络 testnet1,再创建子网 testsubnet1,命令如下:

//创建网络 testnet1

[root@openstack ~(keystone_admin)]# neutron net-create testnet1

//在网络 testnet1 下创建 testsubnet1

[root@openstack ~(keystone_admin)]# neutron subnet-create --name testsubnet1 --gateway 192.168.181.254 --dns-nameserver 8.8.8.8 testnet1 192.168.181.0/24

//查看网络列表,可以看到 testnet1 对应的 ID

[root@openstack ~(keystone_admin)]# neutron net-list

//根据 testnet1 的 ID 查看网络详情

[root@openstack ~(keystone_admin)]# neutron net-show 1e1d898f-1728-4e7c-9ca9-eaaf17e31b57

//查看子网列表,可以看到 testsubnet1 对应的 ID

[root@openstack ~(keystone_admin)]# neutron subnet-list

//根据 testsubnet1 的 ID 查看子网详情

[root@openstack ~(keystone_admin)]# neutron subnet-show 6b655987-102e-492d-8802-6247932b1fc5

4. nova 命令创建云主机实例

使用 nova 命令创建云主机实例和通过 Web 界面创建一致,需要明确实例名称、实例规格、镜像、网络、安全组等参数,命令如下:

//创建云主机实例 testhost1

[root@openstack ~(keystone_admin)]# nova boot --flavor m1.tiny --image testjx1 --nic net-name=testnet1 --security-groups default testhost1

//查看实例列表,可以看到 testhost1 对应的 ID

```
[root@openstack ~(keystone_admin)]# nova list
```
//根据 testhost1 的 ID 查看实例详情
```
[root@openstack ~(keystone_admin)]# nova show 24c21481-fc35-46e4-a3fd-8073d0c23d67
```

5. cinder 命令创建卷

使用 cinder 命令创建 1 GB 的卷 testdisk1,并连接到云主机实例 testhost1 上,命令如下:

//创建卷实例 testdisk1
```
[root@openstack ~(keystone_admin)]# cinder create --name testdisk1 1
```
//查看卷列表,可以看到 testdisk1 对应的 ID
```
[root@openstack ~(keystone_admin)]# cinder list
```
//根据 testdisk1 的 ID 查看磁盘详情
```
[root@openstack ~(keystone_admin)]# cinder show fc72e7de-b3c2-4d6a-83a4-acc3aad55c44
```
//连接到实例 testhost1
```
[root@ openstack ~(keystone_admin)]# nova volume-attach testhost1 fc72e7de-b3c2-4d6a-83a4-acc3aad55c44
```

习题练习

一、单项选择题

❶ 一个完整的云计算环境由"云"、"管"和"端"三部分组成,缺一不可,下列关于云计算的描述不正确的是(   )。

A. 像立体停车房按车位大小和停车时间收取停车费一样,云计算出租计算设备包括 IaaS、PaaS 和 SaaS 三种类型,以满足不同的租户。

B. 云端是指计算机网络中的计算设备,负责完成软件的计算。

C. 终端是指位于人们身边的输入/输出设备,负责完成与人的交互。

D. 如果把计算机网络比作设置收费站的高速公路的话,那么云计算涉及的网络侧重于运输设备方面。

❷ 云计算体系结构的(   )负责资源管理、任务管理、用户管理和安全管理等工作。

A. 物理资源层   B. 资源池层

C. 管理中间层   D. SOA 构建层

❸ 从研究现状上看,下面不属于云计算特点的是(   )。

A. 超大规模   B. 虚拟化

C. 私有化   D. 高可靠性

❹ 下列对云计算相关概念的描述不正确的是(   )。

A. 无论你是否喜欢,垃圾短信、骚扰电话总是如影随形,严重困扰着人们的正常生活。近日,一条关于"360 手机卫士,拒绝骚扰"的广告惊现中央电视台黄金时段,引发人们对手机"防骚扰"问题的极大关注。通过广告可以看到,360 手机卫士的"云标记"功能可有效拦截骚扰电话,让用户免受骚扰之苦

B. 楚国有人坐船渡河时,不慎把剑掉入江中,他在舟上刻下标记。当舟停驶时,他跳

入河中轻松地把剑捞了上来。楚国人淡定地说："云搜索。"

C. 中新网 9 月 6 日电（IT 频道　吴涛）近日，苹果云服务 iCloud 被曝存在安全漏洞，多位好莱坞明星私照被曝光，事情发生后，云服务安全问题引起大家的关注

D. 某高校电子商务 23 级某女生在宿舍区购买了 1 台 V 印云打印机，为学校同学提供便捷的云打印服务

❺ 下列中（　　）不属于 OpenStack 资源池。

A. 计算资源　　　　　　　　　　　　B. 存储资源

C. 网络资源　　　　　　　　　　　　D. 软件资源

❻ 用户购买的云服务中，包含了应用程序运行环境，但没有应用程序和相关数据。这种模式属于（　　）。

A. SaaS　　　　　　　　　　　　　　B. PaaS

C. NaaS　　　　　　　　　　　　　　D. IaaS

❼ 下列关于公有云和私有云描述不正确的是（　　）。

A. 公有云是云服务提供商通过自己的基础设施直接向外部用户提供服务

B. 公有云能够以低廉的价格，提供有吸引力的服务给最终用户，创造新的业务价值

C. 私有云是为企业内部使用而构建的计算架构

D. 构建私有云比使用公有云更便宜

❽ 下列哪个不属于 OpenStack 的组件？（　　）

A. Nova　　　　　　　　　　　　　　B. Glance

C. Ouba　　　　　　　　　　　　　　D. Swift

❾ OpenStack 中 Nova 的用途是？（　　）

A. 提供镜像服务　　　　　　　　　　B. 提供存储管理服务

C. 提供 Web 服务　　　　　　　　　　D. 提供计算管理服务

❿ 在 192. 168. 1. 18 机器上面通过 packstack 一键安装了 OpenStack，可以通过（　　）访问 Web 页面。

A. http://192. 168. 1. 18/web　　　　B. http://192. 168. 1. 18/dashboard

C. http://192. 168. 1. 18/horizon　　　D. http://192. 168. 1. 18/index

⓫ 在 OpenStack 平台中，下列（　　）组件负责支持实例的所有活动并且管理所有实例的生命周期。

A. Glance　　　　　　　　　　　　　B. Nova

C. Swift　　　　　　　　　　　　　　D. Quantum

二、多项选择题

❶ 云计算是一种商业计算模型，它将计算任务分布在大量计算机组成的资源池上，使各种应用系统能够根据需要获取计算力、存储空间和信息服务。以下哪些是按照云计算服务的部署方式分类的？（　　）

A. IaaS　　　　　　　　　　　　　　B. PaaS

C. SaaS　　　　　　　　　　　　　　D. 专有云

E. 公共云　　　　　　　　　　　　　F. 混合云

G. 能源云

② 创建一台云主机时，以下哪些 OpenStack 组件可能参与到创建过程中？（　　　）

A. Nova
B. Neutron

C. Glance
D. Ironic

E. Cinder

③ 下列选项中属于组件命令且功能描述正确的是（　　　）。

A. 查看镜像列表：openstack image list

B. 查看网络列表：neutron list

C. 查看镜像详情：glance image-show ＜ID＞

D. 创建云主机实例：nova boot ［options］ name

E. 查看卷列表：cinder list

F. 连接云主机实例：nova volume-attach ＜server＞＜volume＞

④ 以下选项是 OpenStack 部署安装方式的是（　　　）。

A. 使用 RDO（packstack）工具
B. 使用 Ansible 工具

C. 使用 DevStack 工具
D. 使用 Puppet 工具

⑤ OpenStack 项目作为一个 IaaS 平台，提供了哪几种使用方式？（　　　）

A. 通过 Web 界面
B. 通过命令行

C. 通过 API
D. 通过实时编译

三、判断题

① 《漫谈虚拟化》微课视频完整版 bt 种子迅雷高清下载地址（百度云盘），这里的云盘采用了云计算的 SaaS 服务模式。（　　　）

② OpenStack 是一种商业化的云计算平台。（　　　）

③ 混合云是一种融合了公有云和私有云的部署模式，行业云是混合云的一种体现形式。（　　　）

④ OpenStack 架构内提供网络功能的模块为 Neutron。（　　　）

⑤ 镜像是云服务器实例的运行环境的模版，可以包括操作系统和预装软件。（　　　）

⑥ 云主机支持 Windows、Linux 等主流系统。（　　　）

⑦ PackStack 一键安装的 OpenStack 命令是 packstack-allinone。（　　　）

⑧ 私有云对公众开放，由云提供商提供。（　　　）

四、填空题

① 按照云计算的运营模式分类，云可以分为_____、_____、社区云和混合云等。

② IaaS 以服务形式提供基于_____和_____等硬件资源的可高度扩展和按需变化的 IT 能力。通常按照所消耗资源的成本进行收费。

③ PaaS 位于云计算三层服务的中间，通常也称为"_____"，提供给终端用户基于互联网的应用开发环境，包括应用编程接口和运行平台等。

④ OpenStack 可以根据集群规模分为_____、_____和多节点部署，其中，在企

业生产环境中更推荐_____,它可以提供更高效的服务。

五、问答题

❶ 请描述 IaaS、PaaS 和 SaaS 三者的概念。

❷ 什么是云主机?

❸ 什么是云计算?它与虚拟化的关系是怎样的?

❹ OpenStack 的常用组件有哪些?

❺ OpenStack 的架构是怎样的?

❻ 简述 OpenStack 创建云主机的步骤。

❼ 如何实现虚拟机之间的网络通信?

六、实验题

某高校一名学生为了体验云计算,调试了很长时间终于在虚拟机的 CentOS 上成功安装上了 OpenStack。以下为他的实验记录。

❶ 正确配置网络

VMware 网卡连接方式采用了 NAT,实体机 IP 地址为:192.168.64.1,虚拟机内部地址为:10.1.1.1。

❷ vi OpenStack 的 repo

[root@host~]# vi /etc/yum.repos.d/openstack.repo

...

问题:这里的~表示____(1)____,vi 表示____(2)____

❸ 下列操作主要目的是____(3)____

[root@host~]# yum clean all

❹ 安装 OpenStack-packstack

[root@host~]# yum____(4)____-y openstack-packstack

❺ 安装 OpenStack

[root@host~]# packstack --allinone

❻ 登录 OpenStack

安装成功后在浏览器上输入____(5)____地址可以用网页管理 OpenStack。

七、论述题

材料:1989 年比尔·盖茨在谈论"计算机科学的过去、现在与未来时"时说:"用户只需要 640 KB 的内存就足够了。"那时,所有的程序都很小,100 MB 的硬盘简直用不完。

请你结合以上材料描述身边看到的云并分析云计算的发展趋势和对我们今后的影响。(不少于 300 字)

参考文献

［1］朱晓彦,顾旭峰.云存储技术与应用［M］.北京:高等教育出版社,2018.

［2］刘海燕.VMware 虚拟化技术［M］.2 版.北京:中国铁道出版社,2021.

［3］王良明.云计算通俗讲义［M］.4 版.北京:电子工业出版社,2022.

［4］何坤源.VMware vSphere 6.0 虚拟化架构实战指南［M］.北京:人民邮电出版社,2016.

［5］黄凯,毛伟杰,顾骏杰.OpenStack 实战指南［M］.北京:机械工业出版社,2014.